매일매일 두뇌를 깨우는 **기적의 계산법**

인도 베다수학

미즈노 준 지음 **신재은** 옮김

드루주니어

'인도 베다수학'으로 두뇌가 쑥쑥! 좋아지는 5가지 이유

> 밤을 샐 정도로 재미있는
> 기적의 덧셈, 뺄셈, 곱셈 계산법!

① 득점력이 단숨에 UP!

◇ 계산력이 길러져 시험은 물론, 업무에서도
문제 풀이 속도가 빨라집니다.

② 합격력이 단숨에 UP!

◇ 두뇌 회전이 빨라져 각종 시험과
고시에서 남다른 성과를 이끌어냅니다.

③ **논리력**이 단숨에 UP!

◇ 논리적 사고가 몸에 익어 고등학교 시험이나
수능 대비에도 도움이 됩니다.

④ **산수력**이 단숨에 UP!

◇ 수학적 감각이 길러져 산수와 수학이
즐거워지고 성적도 쑥쑥 오릅니다.

⑤ **집중력**이 단숨에 UP!

◇ 암산을 잘 하게 되면 연상력이
자연스럽게 강화되어 우뇌가 활발해집니다.

'인도 베다수학'으로 간단하게 암산이 술술! 두뇌가 깨어난다!

어린이부터 어른에 이르기까지 계산력을 기르는 것은 매우 중요합니다.

먼저, 어린이가 계산력을 기르면 좋은 점이 아주 많습니다. 수학이나 과학 시험에서 좋은 점수를 받는 것은 당연한 일이죠. 그뿐만 아니라, 세상의 이치나 돈의 흐름도 쉽게 이해할 수 있게 됩니다.

또한 어린이의 자신감을 키워주는 힘이 되기도 합니다. 이렇게 생긴 자신감은 고등학교 시험이나 수능 같은 경험을 극복할 때 큰 도움이 됩니다.

어른이 계산력을 기르면 두뇌가 자연스럽게 활성화됩니다. 문제 해결 능력과 집중력이 향상되어 업무상의 문제를 지금보다 더욱 빠르게 해결할 수 있습니다. 또한 뇌의 노화 방지에도 도움이 됩니다. 이처럼 계산력을 기르면 어린이에게도 어른에게도 좋은 일만 가득 있습니다.

계산력을 쉽고 간단하게 기를 수 있는 방법이 바로 '인도 베다수학'입니다. 인도의 계산법은 신기하고 흥미로운 것들로 가득합니다. 누구나 흠뻑 빠질 마법 같은 매력이 있죠. 이 책에서 소개하는 연습 문제를 풀어가다 보면, 어린이도 어른도 바로 암산을 해낼 수 있게 됩니다.

인도인들은 산수나 계산을 잘 한다고 알려져 있습니다. 실제로 세계적인 IT 업계와 금융 업계 등 산수 능력이나 우수한 계산력이 필요한 분야에서 활약하는 인도인들이 많습니다. 그 중에는 글로벌 기업의 정상에 오른 이들도 적지 않죠.

그래서 최근에는 '계산을 잘 한다＝머리가 좋아진다＝성공할 수 있다＝높은 수익을 얻을 수 있다＝존경받는다'고 생각하는 사람도 많아졌습니다.

그렇다면 인도인들은 왜 수학이나 계산을 잘 하는 것일까요? 어렸을 적부터 수학이나 계산을 잘 할 수 있게 되는 독특한 계산법을 배웠기 때문이라고 알려져 있습니다. 인도에서는 초등학교 때 이미 '19×19' 곱셈까지 외운다고 합니다. 이 책에서는 바로 이러한 계산법을 배울 수 있는 '인도 베다수학'을 소개합니다.

16×14를 인도 베다수학으로 풀어봅시다. 조금 신기한 계산법인데, 처음 '십의 자리 수'와 '십의 자리 수에 1을 더한 수'를 곱합니다. '1×2'이므로 '2'가 되겠네요.

다음으로 '일의 자리 수'끼리 곱합니다. '6×4'이므로 '24'가 되죠. 이제 앞서 구한 '2'에 '24'를 이어 붙이면 '224'가 됩니다. 이 '224'가 '16×14'의 정답입니다.

어떠신가요? 이처럼 인도 베다수학을 활용하면 두 자릿수×두 자릿수 곱셈을 순식간에, 그것도 암산으로 풀 수 있게 됩니다.

이 책에서는 인도 베다수학 중에서도 알기 쉽고 재미있는 계산법 다섯 가지를 선정해서 소개합니다. 덧셈 한 가지, 뺄셈 한 가지, 곱셈 세 가지로 구성되어 있습니다. 매력적인 계산법을 직접 경험하고, 그 감동을 함께 느껴보시길 바랍니다.

지금부터 '인도 베다수학'의 세계로 여러분을 초대합니다!

목차

1장··인도 덧셈 계산법

2장··인도 뺄셈 계산법

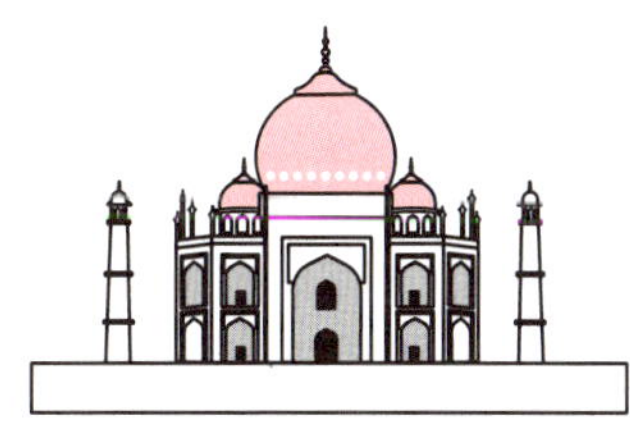

5장··인도 곱셈 계산법 【제3 법칙】

6장‥인도 계산법 '마무리 테스트'

이 책의 활용법

─ 수학에 자신이 없어도 얼마든지! ─

① 이 책은 인도 베다수학을 아주 쉽게 알려주는 입문서입니다. 어려운 책이 아니니 안심하셔도 됩니다.

② 계산을 어려워하거나 수학을 좋아하지 않는 사람도 즐길 수 있도록 이해하기 쉽게 설명했습니다.

③ 인도 베다수학은 일반적인 계산법과는 달리 마법 같은 매력이 있습니다. 페이지를 넘기다 보면 어느새 수학을 좋아하게 될 지도 모릅니다.

─ 직접 문제를 풀면서 두뇌를 깨우자! ─

① 이 책은 손으로 직접 문제를 풀며 연습하는 문제집 형식으로 구성되어 있습니다. 빈 칸을 숫자로 채워보세요.

② 책에 있는 문제를 직접 풀어도 좋고, 문제를 종이에 복사해서 풀어도 좋습니다.

③ 중요한 것은 손을 움직여 문제를 풀어야 한다는 점입니다. 손으로 직접 문제를 풀다 보면 두뇌가 활성화되어 인도 베다수학을 쉽게 익힐 수 있습니다!

덧셈부터 시작하자!

① 인도 베다수학은 보통 두 자릿수 곱셈 계산법으로 널리 알려져 있지만, 이 책은 덧셈부터 시작합니다.

② 인도의 덧셈 계산법도 마법 같지만, 곱셈과 비교하면 이해하기 쉬워서 두뇌를 깨우는 준비운동으로 딱 좋습니다.

③ 덧셈과 뺄셈을 연습해 두뇌가 충분히 부드러워졌다면 곱셈에도 도전해 봅시다!

3단계로 배워보자!

① 인도 베다수학은 3단계로 배우면 쉽게 익힐 수 있습니다.

② 따라서 이 책에서는 덧셈, 뺄셈, 곱셈 모두를 3단계로 계산할 수 있게 설명했습니다.

③ 우선 1단계와 2단계를 연습해서 두뇌를 깨우고 마지막으로 3단계까지 배워 모든 단계를 연습할 수 있도록 구성했습니다.

'56+38', '18+29'……
두 자릿수 덧셈 계산도 간단하게!

우선 덧셈부터 시작해 봅시다.

인도 베다수학의 계산법으로는 두 자릿수 덧셈도 쉽게 풀 수 있습니다. 인도 덧셈 계산법은 '딱 떨어지는 수'를 활용해서 이해하면 쉽습니다. '딱 떨어지는 수'를 활용하면 놀라울 정도로 쉽게 정답을 구할 수 있기 때문입니다.

이 '딱 떨어지는 수'를 만들기 위해 보충해 주는 수를 '보수'라고 합니다.

보수　　**딱 떨어지는 수를 만들기 위해 보충해 주는 수**
딱 떨어지는 수란 10, 20, 30…처럼 일의 자리가 0이 되는 수를 말한다.

예를 들어 9를 딱 떨어지는 수로 만들어 봅시다.

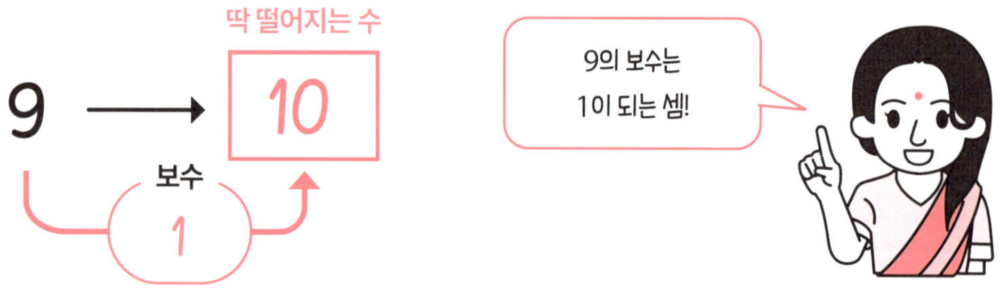

9의 보수는 1 이 됩니다.
인도 덧셈 계산법은 보수와 딱 떨어지는 수를 활용해서 계산합니다.

56+38 인도 덧셈 계산법의 순서

예를 들어 56+38을 딱 떨어지는 수를 활용해서 계산해 봅시다.

1 단계

38 을 보수를 활용해서 딱 떨어지는 수로 만듭니다.

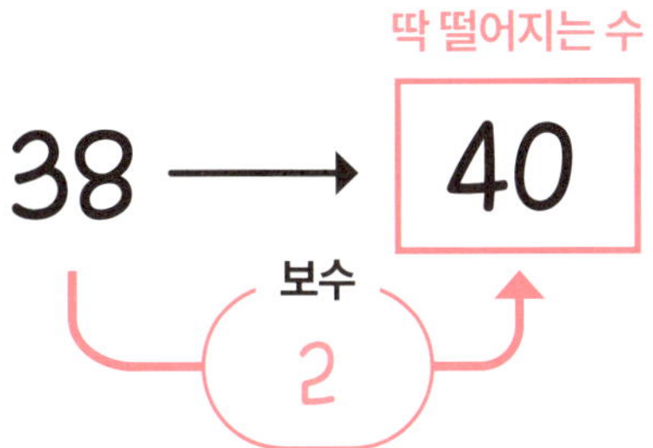

38의 보수는 2입니다.

2 단계

다음으로 딱 떨어지는 수를 활용해서 계산합니다.

딱 떨어지는 수   A

$$56 + \boxed{40} = \boxed{96}$$

딱 떨어지는 수를 활용하면 간단하게 계산할 수 있습니다.

3 단계

2단계의 답에서 보수를 뺍니다.

A   보수   답

$$\boxed{96} - \left(2\right) = \boxed{94}$$

정답은 94 입니다.

딱 떨어지는 수를 활용해서 계산하는 것이 인도 베다수학의 방식!
핵심은 '보수가 얼마였는지'를 기억하며 계산해야 한다는 점입니다.
그러면 단계를 나눠서 인도 계산법으로 덧셈을 풀어봅시다.

▶ 정답은 118 쪽

●우선 보수와 딱 떨어지는 수를 계산하는 연습을 해 봅시다.

　　☐ 에는 가장 가까운 딱 떨어지는 수를 넣고,

　　◯ 에는 보수를 넣어 봅시다.

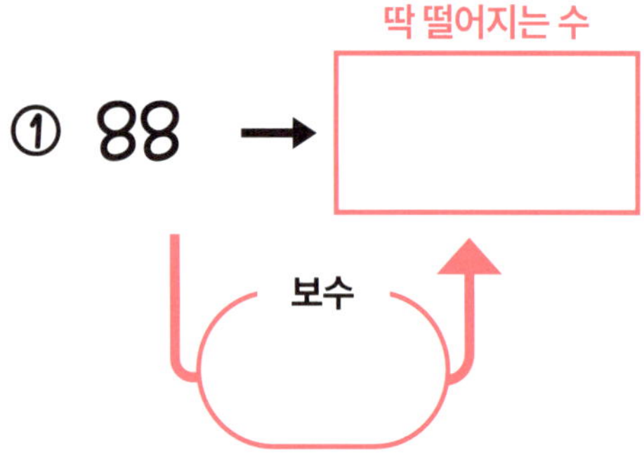

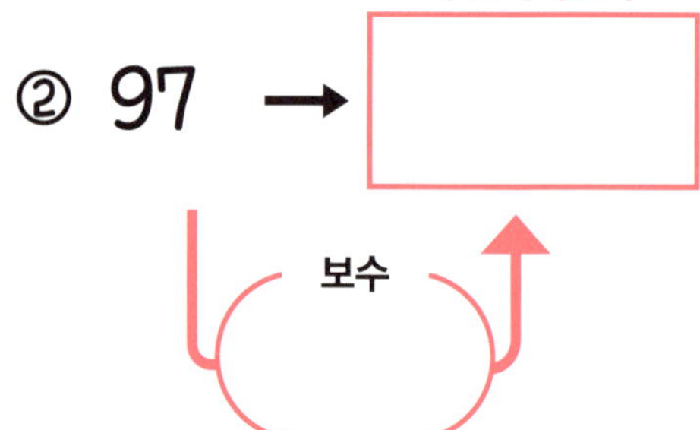

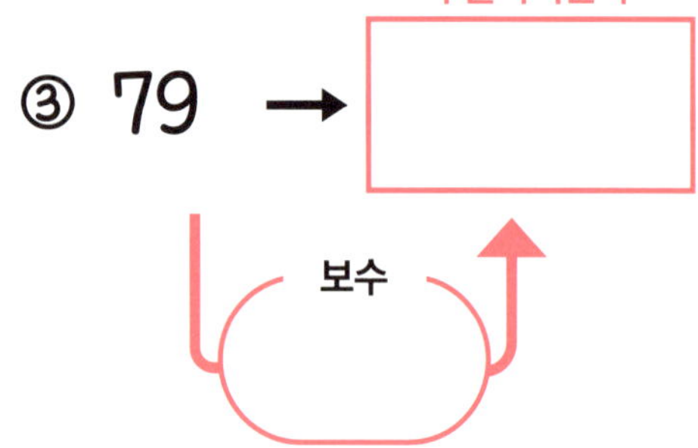

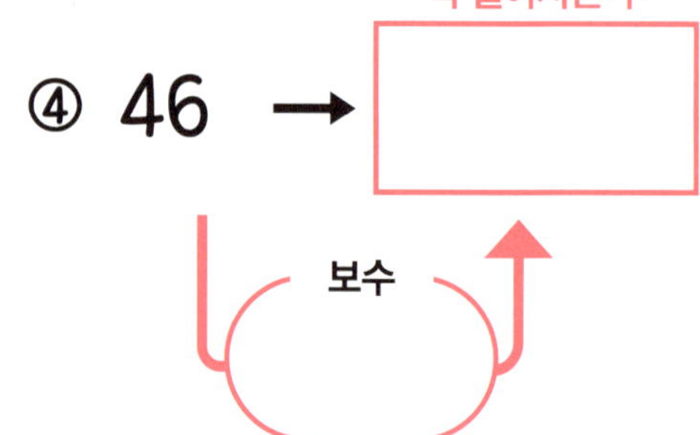

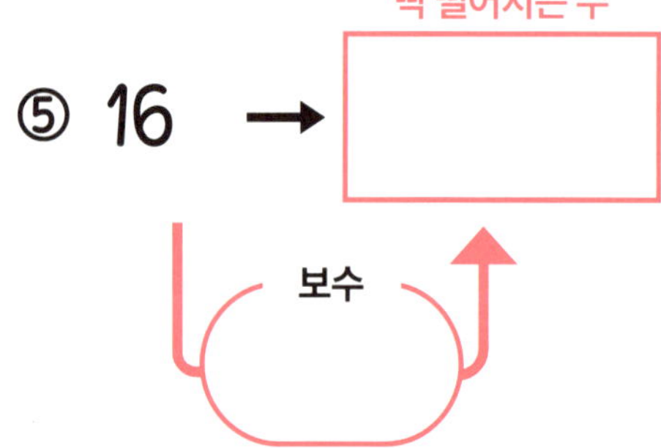

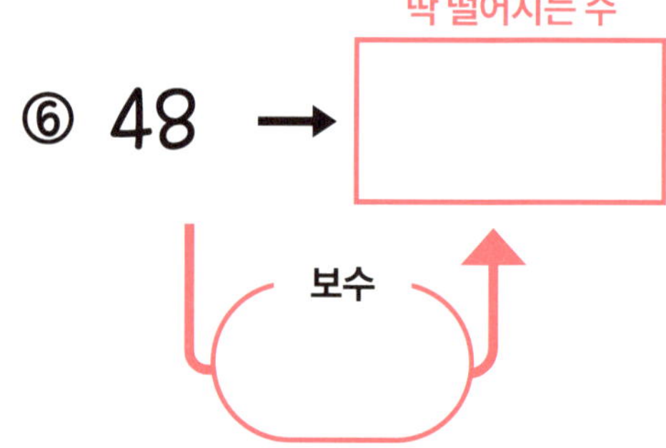

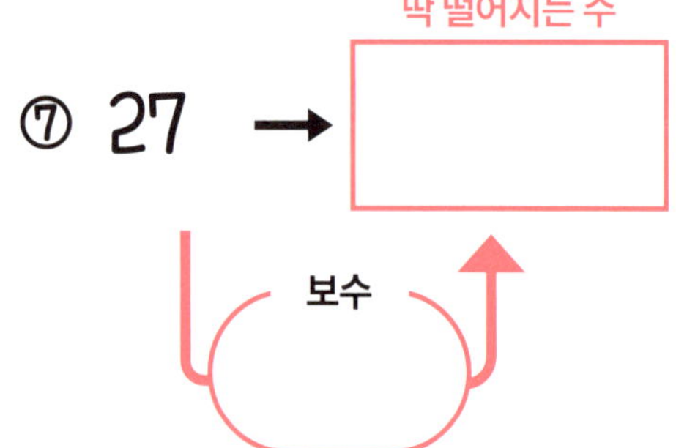

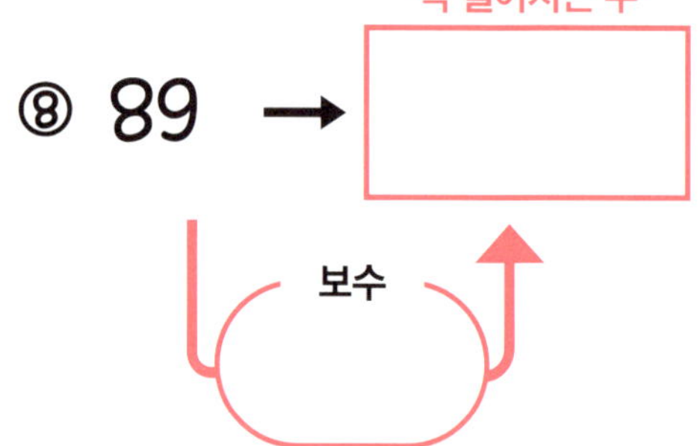

**딱 떨어지는 수를 만들 수 있게 되었다면
이제 인도 계산법으로 두 자릿수 덧셈에 도전!**

1 다음 ①, ②의  와 ◯에 알맞은 수를 넣어 봅시다.

▶ 정답은 118 쪽

① 18+29

② 44+47

1 단계

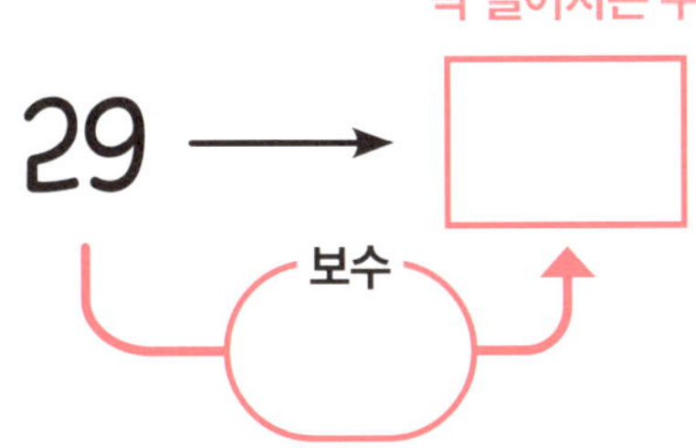

1 단계

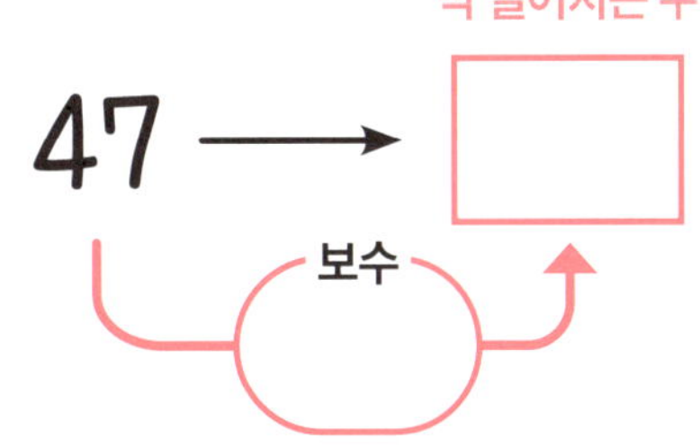

2 단계

$$18 + \boxed{} = \boxed{}$$

2 단계

$$44 + \boxed{} = \boxed{}$$

3 단계

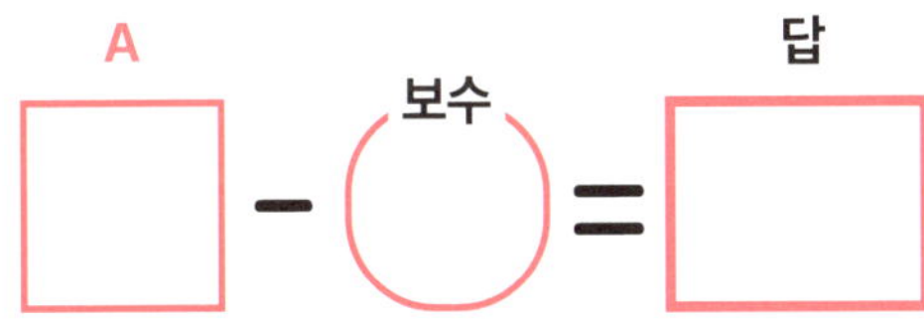

3 단계

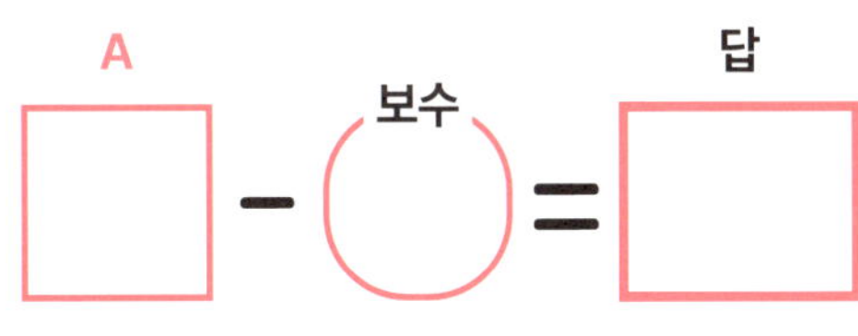

 다음 ①, ②의 ▭ 와 ⬭ 에 알맞은 수를 넣어 봅시다.

▶ 정답은 118 쪽

① 15+26

② 24+49

1 단계

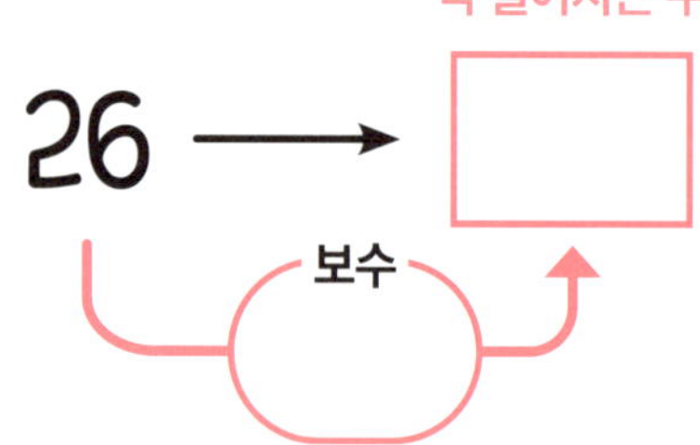

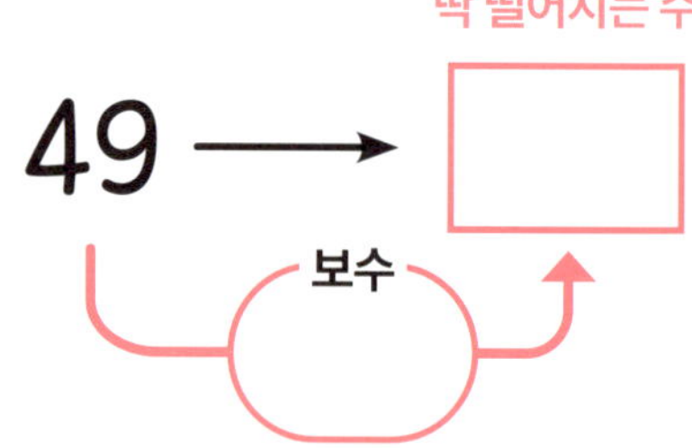

2 단계

딱 떨어지는 수　　A
15+ ▭ = ▭

딱 떨어지는 수　　A
24+ ▭ = ▭

3 단계

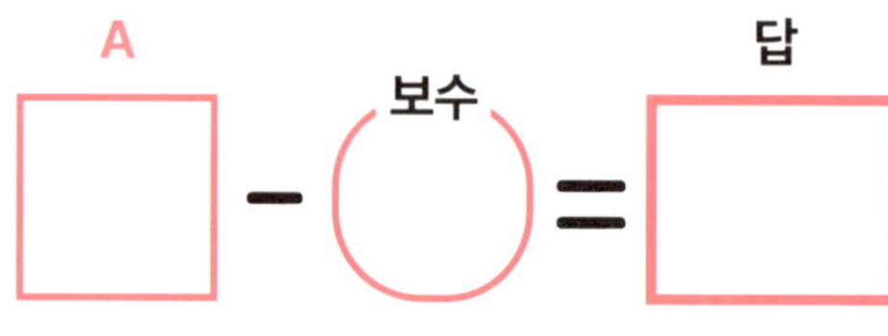

A　　보수　　답
▭ − ◯ = ▭

A　　보수　　답
▭ − ◯ = ▭

❸ 다음 ①~⑧의 □에 알맞은 수를 넣어 봅시다.

▶ 정답은 118 쪽

① $14 + 37 =$ ☐

37의 보수 : ☐

② $26 + 49 =$ ☐

49의 보수 : ☐

③ $48 + 19 =$ ☐

19의 보수 : ☐

④ $35 + 27 =$ ☐

27의 보수 : ☐

⑤ $16 + 46 =$ ☐

46의 보수 : ☐

⑥ $45 + 36 =$ ☐

36의 보수 : ☐

⑦ $24 + 48 =$ ☐

48의 보수 : ☐

⑧ $37 + 39 =$ ☐

39의 보수 : ☐

▶정답은 118 쪽

4 다음 ①~⑩의 ☐에 알맞은 수를 넣어 봅시다.

① $14 + 76 =$ ☐

76의 보수 : ☐

② $23 + 69 =$ ☐

69의 보수 : ☐

③ $53 + 28 =$ ☐

28의 보수 : ☐

④ $36 + 59 =$ ☐

59의 보수 : ☐

⑤ $15 + 78 =$ ☐

78의 보수 : ☐

⑥ $24 + 67 =$ ☐

67의 보수 : ☐

⑦ $55 + 26 =$ ☐

26의 보수 : ☐

⑧ $34 + 18 =$ ☐

18의 보수 : ☐

⑨ $25 + 58 =$ ☐

58의 보수 : ☐

⑩ $13 + 79 =$ ☐

79의 보수 : ☐

5 다음 ①~⑩의 ☐에 알맞은 수를 넣어 봅시다.

▶ 정답은 119 쪽

① $15 + 68 =$ ☐　　② $33 + 39 =$ ☐

③ $25 + 68 =$ ☐　　④ $53 + 38 =$ ☐

⑤ $26 + 17 =$ ☐　　⑥ $35 + 56 =$ ☐

⑦ $16 + 49 =$ ☐　　⑧ $14 + 78 =$ ☐

⑨ $45 + 37 =$ ☐

⑩ $24 + 59 =$ ☐

 **'65 – 27', '52 – 19'……
두 자릿수 뺄셈 계산도 즐겁게!**

덧셈 다음은 뺄셈입니다.

두 자릿수 뺄셈도 인도 베다수학의 계산법으로는 쉽게 암산할 수 있습니다. 받아내림을 해야 하는 뺄셈도 간단하게 풀 수 있죠.

덧셈과 마찬가지로 뺄셈에서도 '보수'가 중요합니다. '딱 떨어지는 수'를 활용해서 계산하는 것이 인도 베다수학의 기본이니까요.

그러면 인도 뺄셈 계산법을 즐기면서 배워 봅시다.

65-27	인도 뺄셈 계산법의 순서

65-27을 딱 떨어지는 수로 계산해 봅시다.

1 단계

빼는 숫자인 27을 보수를 활용해서 딱 떨어지는 수로 만듭니다.

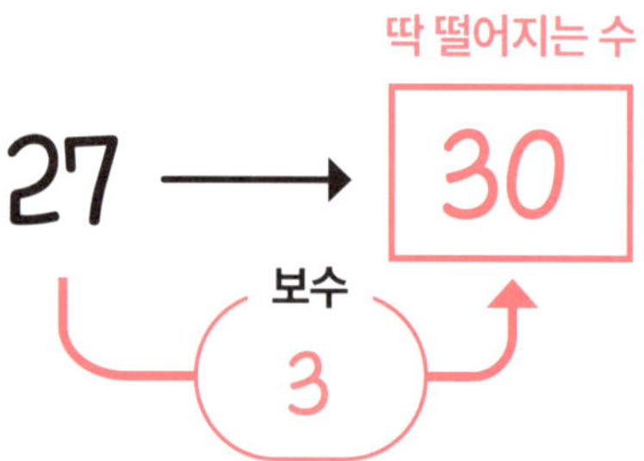

뺄셈도 보수와 딱 떨어지는 수가 핵심입니다.

보수는 3 ! 정확하게 기억하고 계산해 봅시다.

딱 떨어지는 수를 활용해서 계산합니다.

딱 떨어지는 수

A

$$65 - \boxed{30} = \boxed{35}$$

2단계의 답에서 보수를 더합니다.

A   보수   답

$$\boxed{35} + \left(3\right) = \boxed{38}$$

딱 떨어지는 수를 활용해서 계산하면 받아내림을 신경 쓸 필요가 없다는 것을 알 수 있습니다.
받아내림을 하지 않아도 되니 계산 속도도 훨씬 빨라지고 실수도 줄일 수 있죠.

간식으로 맛있는 젤리를 사 먹었는데 이 젤리 가격은 875원이었습니다.
1000원을 내면 거스름돈은 얼마일까요?

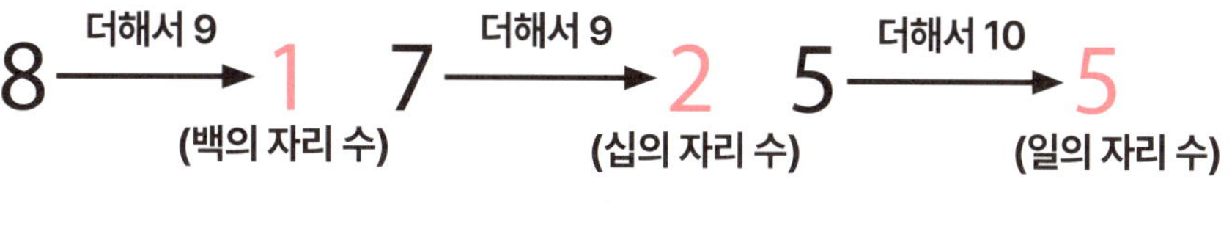

1000 단위의 뺄셈을 인도 계산법으로 풀어본다면?
① 백의 자리 수와 십의 자리 수는 9에 대한 보수를 구합니다.
② 일의 자리 수는 10에 대한 보수를 구합니다.

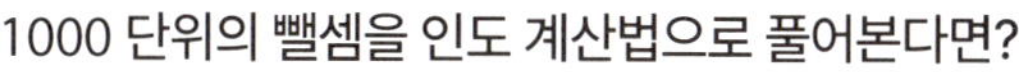

125가 정답이네요!

▶ 정답은 119 쪽

① 52-19

② 74-38

1 단계

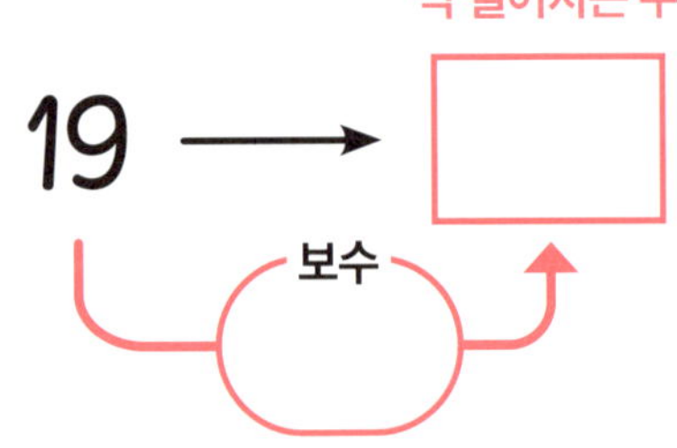

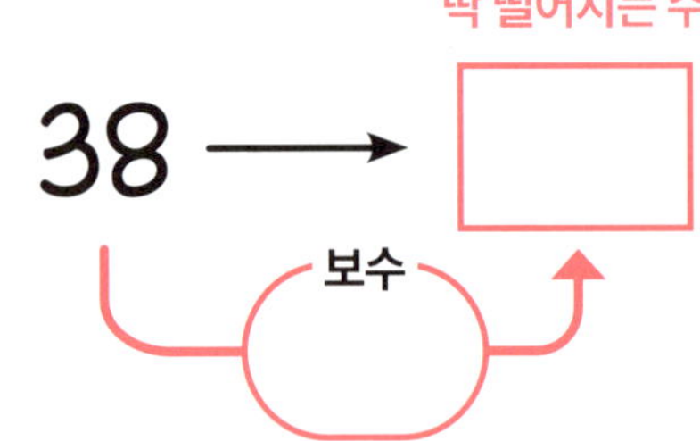

2 단계

딱 떨어지는 수   A
52- ⬜ = ⬜

딱 떨어지는 수   A
74- ⬜ = ⬜

3 단계

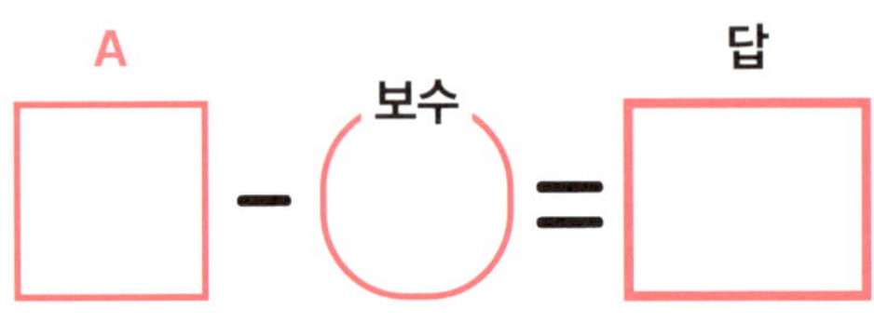

A   보수   답
⬜ - ⬭ = ⬜

❷ 다음 ①, ②의 ▭와 ⬭에 알맞은 수를 넣어 봅시다.

▶ 정답은 119 쪽

① 26-17

1 단계

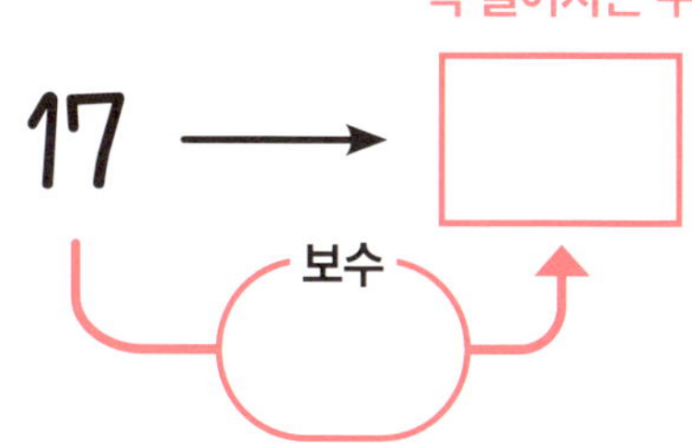

2 단계

딱 떨어지는 수   A

26- ▭ = ▭

3 단계

A   답

▭ - 보수 = ▭

② 41-16

1 단계

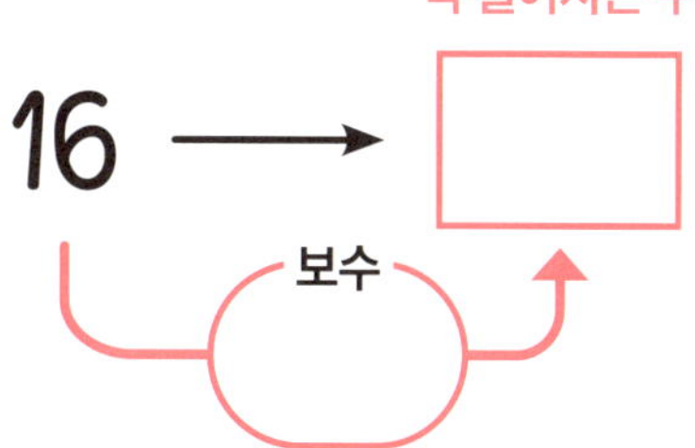

2 단계

딱 떨어지는 수   A

41- ▭ = ▭

3 단계

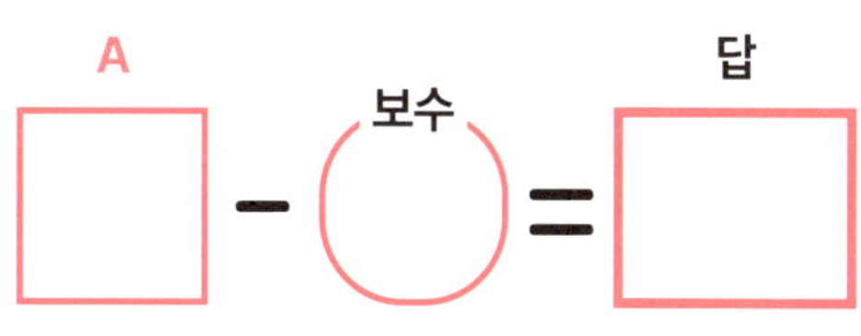

A   답

▭ - 보수 = ▭

❸ 다음 ①~⑩의 ☐ 에 알맞은 수를 넣어 봅시다.

① 87-29 = ☐

    29의 보수 : ☐

② 42-27 = ☐

    27의 보수 : ☐

③ 47-18 = ☐

    18의 보수 : ☐

④ 65-26 = ☐

    26의 보수 : ☐

⑤ 72-56 = ☐

    56의 보수 : ☐

⑥ 66-18 = ☐

    18의 보수 : ☐

⑦ 44-28 = ☐

    28의 보수 : ☐

⑧ 74-37 = ☐

    37의 보수 : ☐

⑨ 97-29 = ☐

    29의 보수 : ☐

⑩ 43-26 = ☐

    26의 보수 : ☐

4 다음 ①~⑩의 □에 알맞은 수를 넣어 봅시다.

▶정답은 119 쪽

① $51-26=$ ☐

② $84-49=$ ☐

③ $45-29=$ ☐

④ $92-37=$ ☐

⑤ $23-18=$ ☐

⑥ $32-16=$ ☐

⑦ $87-19=$ ☐

⑧ $41-17=$ ☐

⑨ $63-46=$ ☐

⑩ $94-69=$ ☐

1 구구단을 19단까지 술술! 두 자릿수 곱셈 계산도 순식간에!

덧셈과 뺄셈 다음은 드디어 곱셈입니다.

인도 곱셈 계산법 제1 법칙으로 계산하면 11부터 19까지의 두 자릿수×두 자릿수 곱셈, 즉 11×11부터 19×19까지 순식간에 풀 수 있게 됩니다. 그것도 암산으로 말이죠.

12×15 의 경우

인도 곱셈 계산법으로는 다음과 같이 3단계로 계산합니다.

① 한쪽 수와 다른 쪽 수의 일의 자리 수를 더합니다.

$$12 + 5 = 17$$

② 두 수의 일의 자리 수끼리 곱합니다.

$$2 \times 5 = 10$$

③ 여기서 ①과 ②를 다음과 같이 자릿수를 옮기고 더합니다.

$$
\begin{array}{r}
1\ 7 \\
+\quad 1\ 0 \\
\hline
1\ 8\ 0
\end{array}
$$

정답은 180입니다.

어떤가요? 간단하죠?

마치 마법 같은 계산법이네요.

그럼 다시 한번 계산 순서를 확인하면서 곱셈을 해 봅시다.

1 단계　　　한쪽 수 와 다른 쪽 수의 일의 자리 수 를 눈여겨 봅시다.

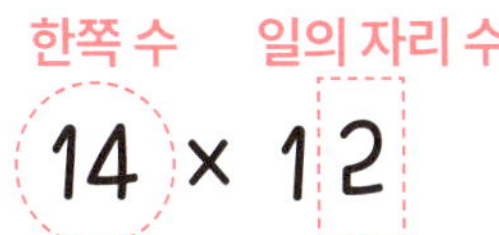

이 14 와 2 를 더합니다.

$$14 + 2 = 16$$

2 단계　　　두 수의 일의 자리 수끼리 곱합니다.

$$14 \times 12$$

4 와 2 를 곱해 봅시다.

$$4 \times 2 = 08$$

2단계가 한 자릿수라면 '08'로 적어서 두 자릿수만큼 자리를 채웁니다.

3 단계　　　16과 08 을 다음과 같이 자릿수를 옮기고 더합니다.

$$\begin{array}{r} 1\ 6\ \ \\ +\quad 0\ 8 \\ \hline 1\ 6\ 8 \end{array}$$

14×12 = 168 이 바로 정답입니다.

11×11부터 19×19까지의 두 자릿수 곱셈의 답은 모두 이렇게 구할 수 있습니다.

이제 **1단계** 부터 **3단계** 를 반복 연습해서 암산으로 계산할 수 있도록 해 봅시다.

1 인도 곱셈 계산법 제1 법칙으로 곱셈의 답을 구해 봅시다.

▶정답은 120 쪽

① 16×18

| 1 단계 | 16 + 8 = 가 |
| 2 단계 | 6 × 8 = 나 |

3 단계

가
+ 나
———
답 다

② 12×13

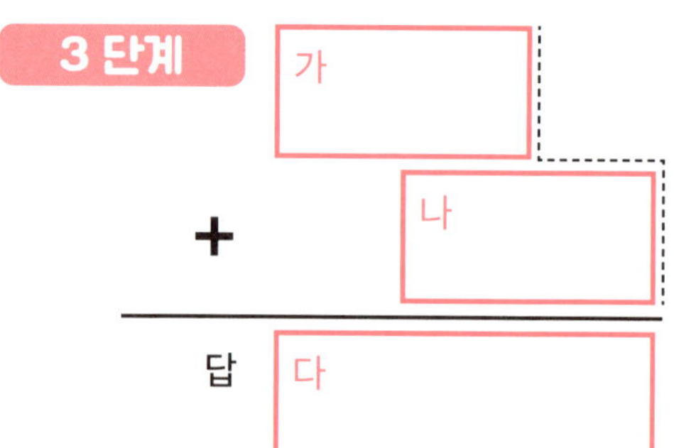

| 1 단계 | 12 + 3 = 가 |
| 2 단계 | 2 × 3 = 나 |

3 단계

가
+ 나
———
답 다

③ 17×16

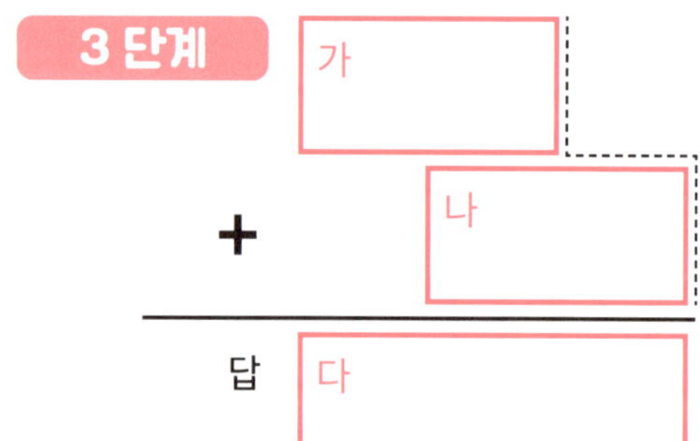

| 1 단계 | 17 + 6 = 가 |
| 2 단계 | 7 × 6 = 나 |

3 단계

가
+ 나
———
답 다

④ 14×18

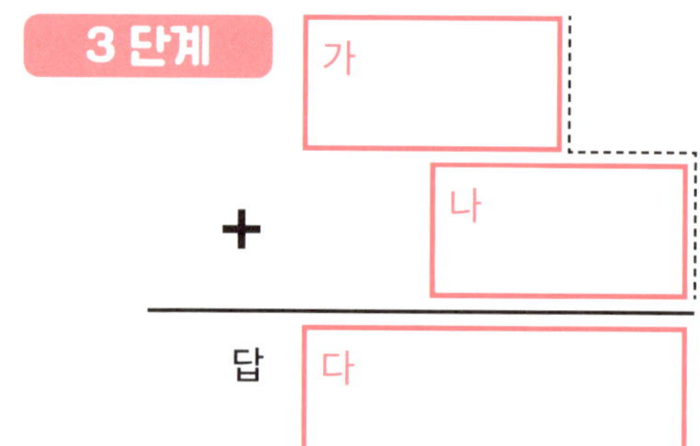

| 1 단계 | 14 + 8 = 가 |
| 2 단계 | 4 × 8 = 나 |

3 단계

가
+ 나
———
답 다

❷ 인도 곱셈 계산법 제1 법칙으로 곱셈의 답을 구해 봅시다.

▶정답은 120 쪽

① 11×16

1 단계 11 + 6 = 가

2 단계 1 × 6 = 나

3 단계 가
  + 나
  답 다

② 12×17

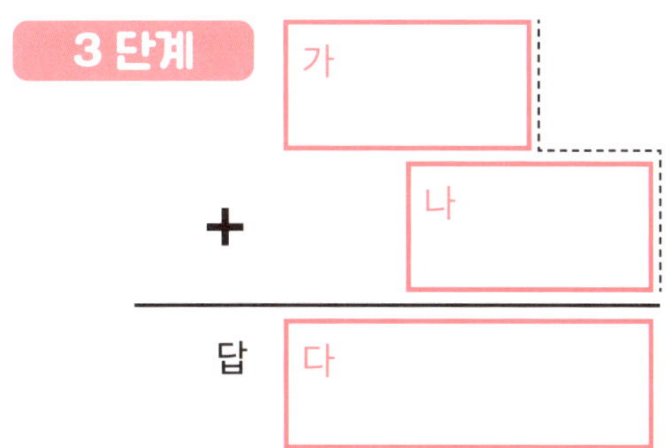

1 단계 12 + 7 = 가

2 단계 2 × 7 = 나

3 단계 가
  + 나
  답 다

③ 18×19

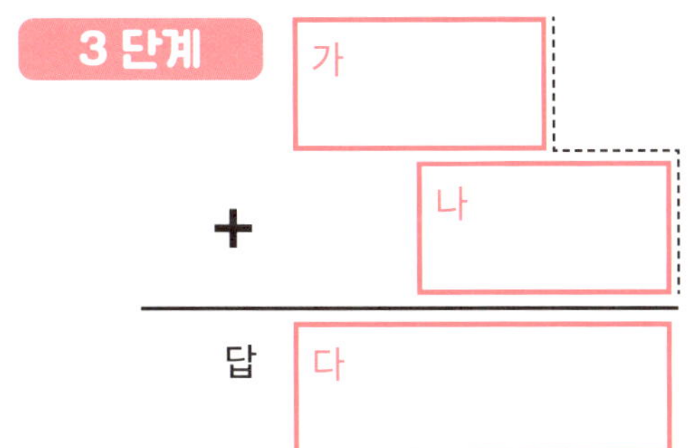

1 단계 18 + 9 = 가

2 단계 8 × 9 = 나

3 단계 가
  + 나
  답 다

④ 15×16

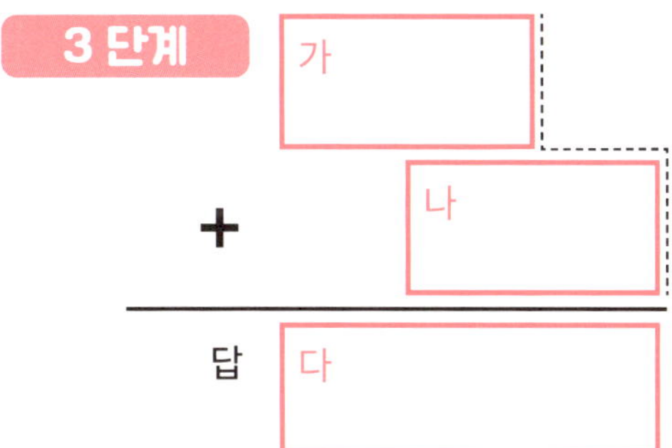

1 단계 15 + 6 = 가

2 단계 5 × 6 = 나

3 단계 가
  + 나
  답 다

(예)

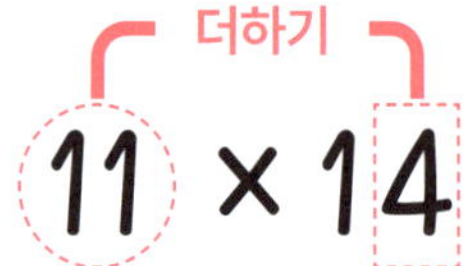

15

① (예)와 같이 ○와 □를 더해 봅시다.

▶정답은 120 쪽

①

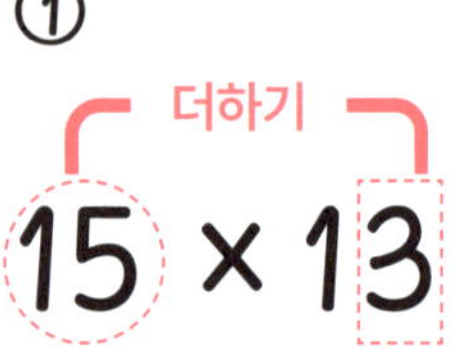

②

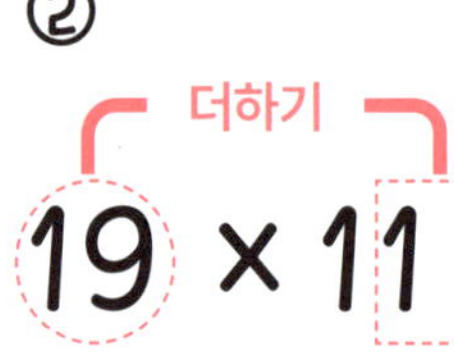

③

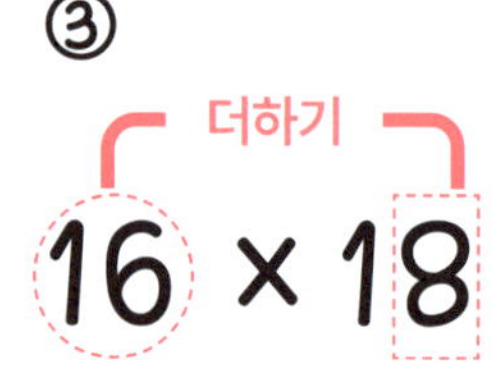

④

⑤

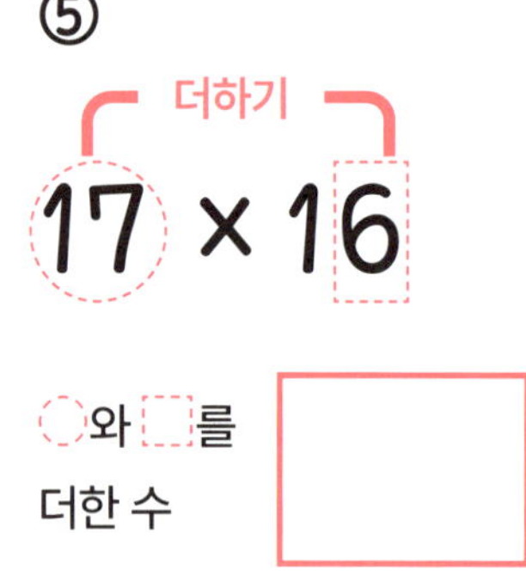

⑥

❷ 30쪽의 (예)와 같이 ◯와 ▭를 더해 봅시다.

▶ 정답은 120 쪽

①

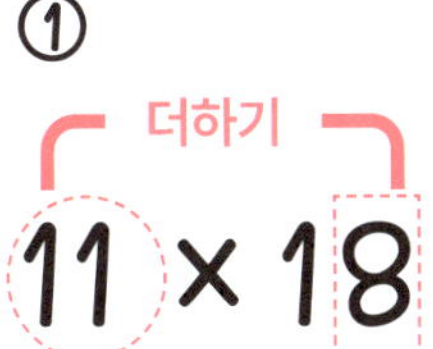

◯와 ▭를
더한 수

②

◯와 ▭를
더한 수

③

◯와 ▭를
더한 수

④

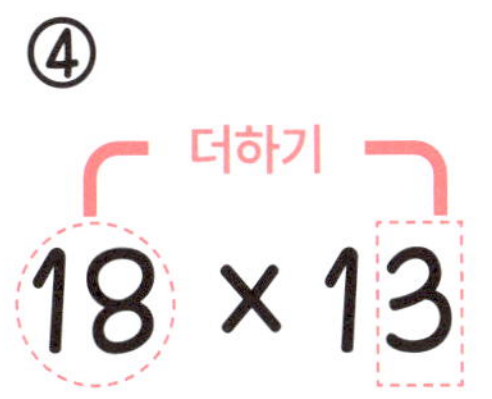

◯와 ▭를
더한 수

⑤

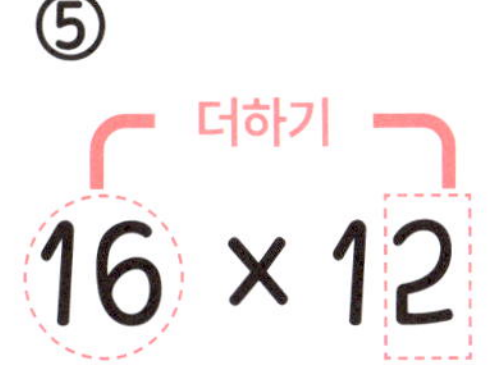

◯와 ▭를
더한 수

⑥

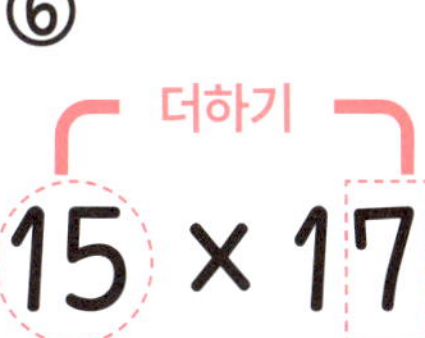

◯와 ▭를
더한 수

⑦

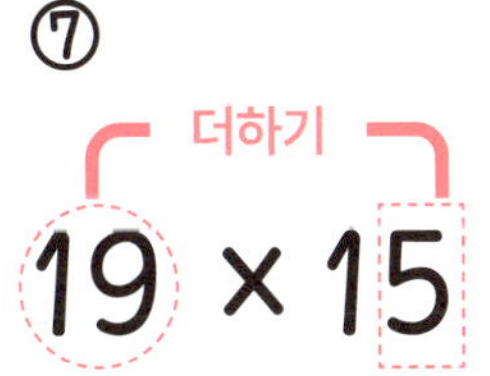

◯와 ▭를
더한 수

⑧

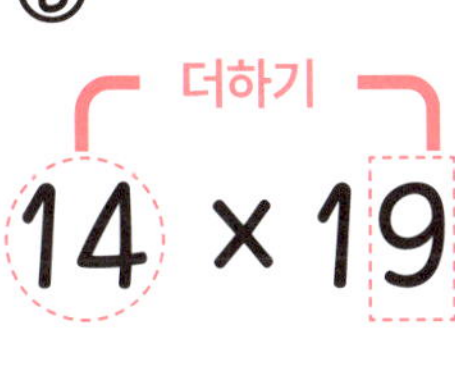

◯와 ▭를
더한 수

⑨

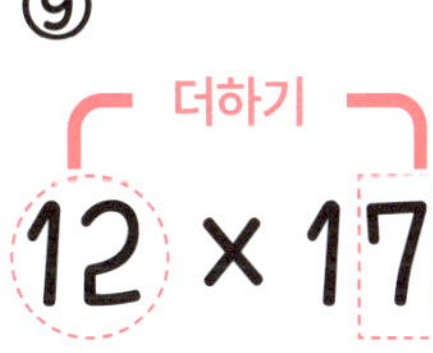

◯와 ▭를
더한 수

(예)

일의 자리끼리 곱한 수 

❶ (예)와 같이 일의 자리 수끼리 곱해 봅시다.

▶ 정답은 120 쪽

① 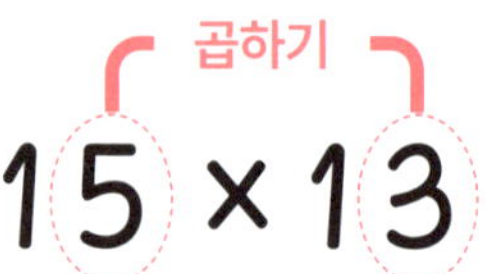

일의 자리끼리
곱한 수

② 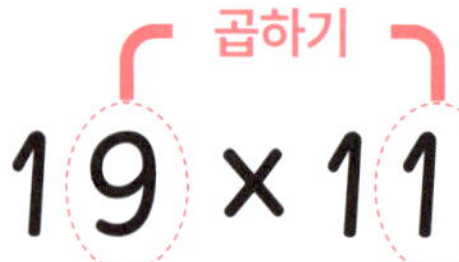

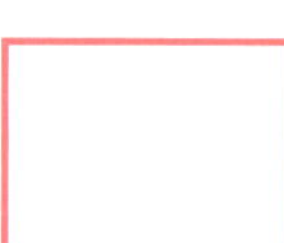

일의 자리끼리
곱한 수

③ 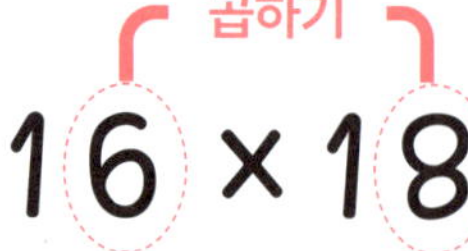

일의 자리끼리
곱한 수

④ 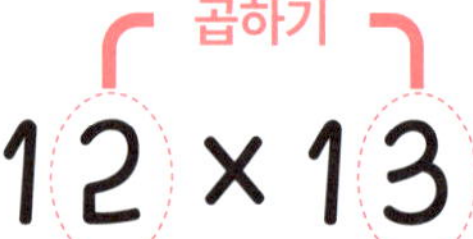

일의 자리끼리
곱한 수

⑤ 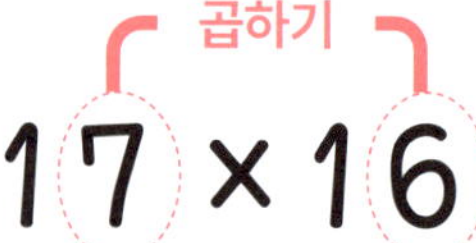

일의 자리끼리
곱한 수

⑥ 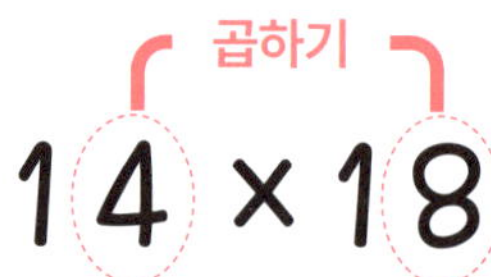

일의 자리끼리
곱한 수

2 32쪽의 (예)와 같이 일의 자리 수끼리 곱해 봅시다.

▶ 정답은 120 쪽

①

일의 자리끼리
곱한 수

②

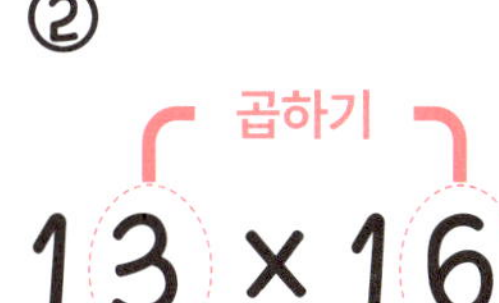

일의 자리끼리
곱한 수

③

일의 자리끼리
곱한 수

④

일의 자리끼리
곱한 수

⑤

일의 자리끼리
곱한 수

⑥

일의 자리끼리
곱한 수

⑦

일의 자리끼리
곱한 수

⑧

일의 자리끼리
곱한 수

⑨

일의 자리끼리
곱한 수

▶ 정답은 120 쪽

① 곱하기
17 × 14

일의 자리끼리 곱한 수 ☐

② 곱하기
13 × 14

일의 자리끼리 곱한 수 ☐

③ 곱하기
18 × 17

일의 자리끼리 곱한 수 ☐

④ 곱하기
13 × 11

일의 자리끼리 곱한 수 ☐

⑤ 곱하기
14 × 15

일의 자리끼리 곱한 수 ☐

⑥ 곱하기
16 × 19

일의 자리끼리 곱한 수 ☐

⑦ 곱하기
19 × 12

일의 자리끼리 곱한 수 ☐

⑧ 곱하기
14 × 13

일의 자리끼리 곱한 수 ☐

⑨ 곱하기
15 × 18

일의 자리끼리 곱한 수 ☐

❹ 32쪽의 (예)와 같이 일의 자리 수끼리 곱해 봅시다.

▶ 정답은 120 쪽

① 곱하기
11 × 17

일의 자리끼리
곱한 수

② 곱하기
18 × 16

일의 자리끼리
곱한 수

③ 곱하기
17 × 15

일의 자리끼리
곱한 수

④ 곱하기
13 × 18

일의 자리끼리
곱한 수

⑤ 곱하기
17 × 19

일의 자리끼리
곱한 수

⑥ 곱하기
16 × 13

일의 자리끼리
곱한 수

⑦ 곱하기
11 × 12

일의 자리끼리
곱한 수

⑧ 곱하기
19 × 13

일의 자리끼리
곱한 수

⑨ 곱하기
12 × 13

일의 자리끼리
곱한 수

(예)

$$11 \times 14$$

1 단계 $11 + 4 = 15$

2 단계 $1 \times 4 = 04$

3 단계
$$
\begin{array}{r}
1\ 5\ \\
+\ \ 0\ 4 \\
\hline
1\ 5\ 4
\end{array}
$$

❶ (예)와 같이 계산해서 곱셈의 답을 구해 봅시다.

▶ 정답은 120 쪽

① 15×13

1 단계 $15 + 3 =$ 가

2 단계 $5 \times 3 =$ 나

3 단계
$$
\begin{array}{r}
\text{가} \\
+\ \ \text{나} \\
\hline
\end{array}
$$
답 다

② 19×11

1 단계 $19 + 1 =$ 가

2 단계 $9 \times 1 =$ 나

3 단계
$$
\begin{array}{r}
\text{가} \\
+\ \ \text{나} \\
\hline
\end{array}
$$
답 다

② 36쪽의 (예)와 같이 계산해서 곱셈의 답을 구해 봅시다.

▶정답은 120 쪽

① 11×18

| 1 단계 | $11 + 8 =$ 가 |
| 2 단계 | $1 \times 8 =$ 나 |

3 단계

가
+ 나
———
답 다

② 13×16

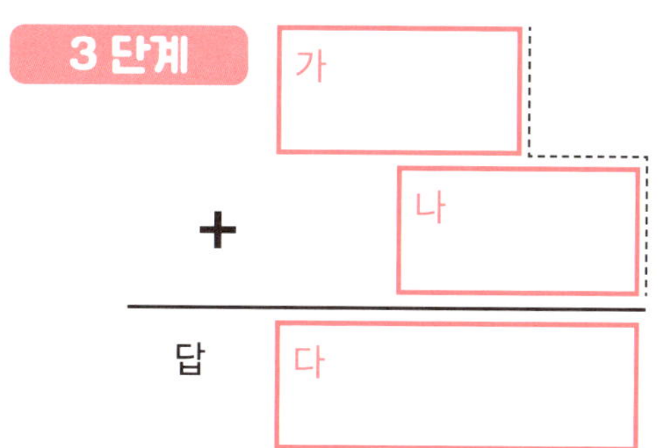

| 1 단계 | $13 + 6 =$ 가 |
| 2 단계 | $3 \times 6 =$ 나 |

3 단계

가
+ 나
———
답 다

③ 14×12

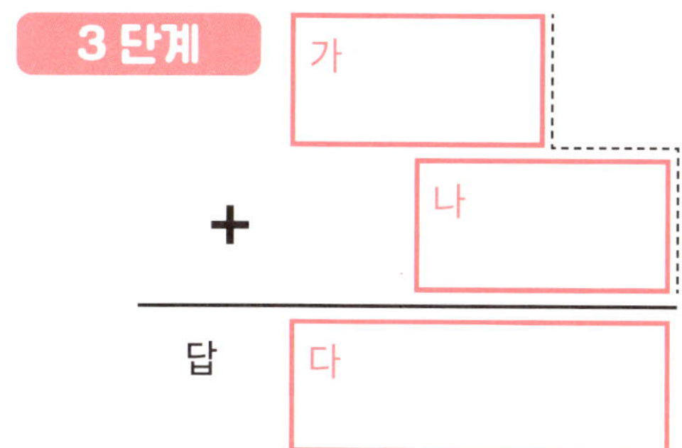

| 1 단계 | $14 + 2 =$ 가 |
| 2 단계 | $4 \times 2 =$ 나 |

3 단계

가
+ 나
———
답 다

④ 18×13

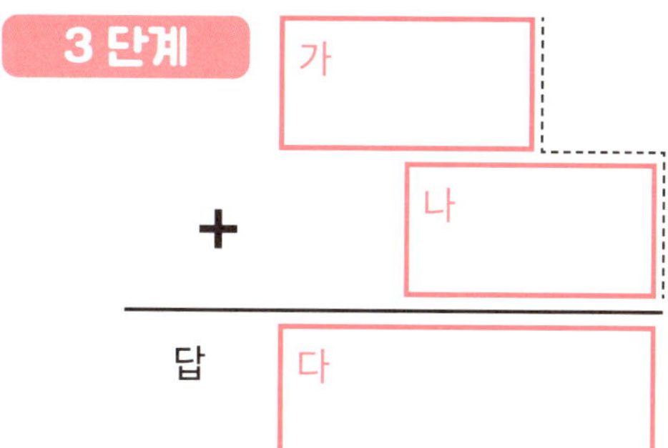

| 1 단계 | $18 + 3 =$ 가 |
| 2 단계 | $8 \times 3 =$ 나 |

3 단계

가
+ 나
———
답 다

① **16×12**

| 1 단계 | 16 + 2 = 가 |
| 2 단계 | 6 × 2 = 나 |

3 단계

가
+ 나
──────
답 다

② **15×17**

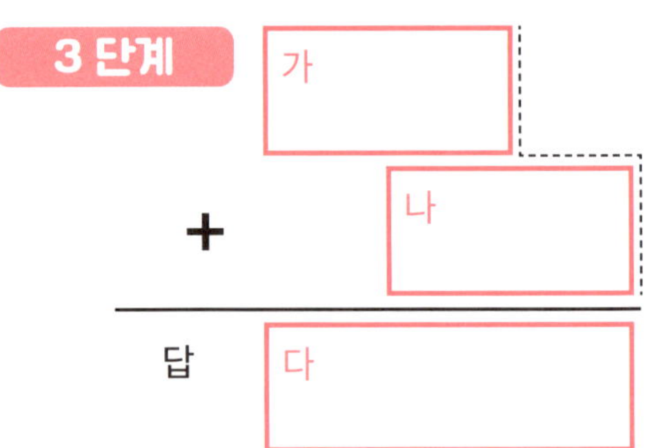

| 1 단계 | 15 + 7 = 가 |
| 2 단계 | 5 × 7 = 나 |

3 단계

가
+ 나
──────
답 다

③ **19×15**

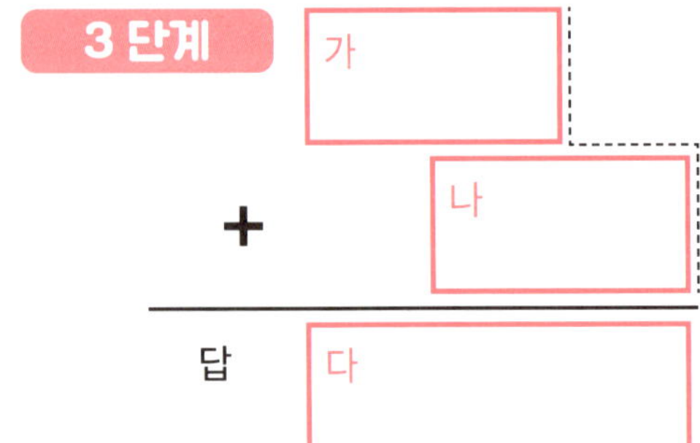

| 1 단계 | 19 + 5 = 가 |
| 2 단계 | 9 × 5 = 나 |

3 단계

가
+ 나
──────
답 다

④ **14×19**

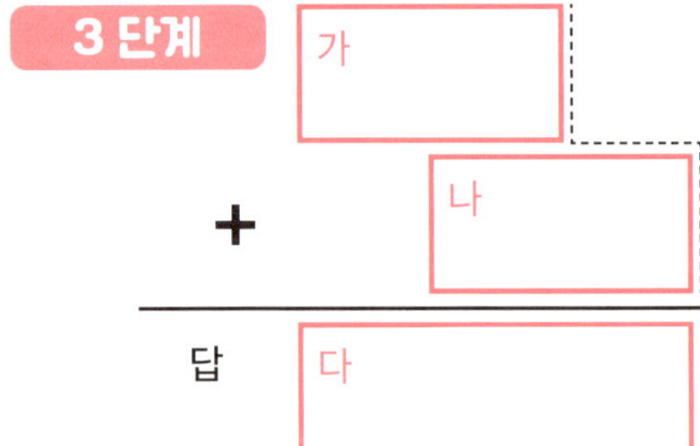

| 1 단계 | 14 + 9 = 가 |
| 2 단계 | 4 × 9 = 나 |

3 단계

가
+ 나
──────
답 다

4 36쪽의 〔예〕와 같이 계산해서 곱셈의 답을 구해 봅시다.

▶정답은 121쪽

① **13×17**

| 1 단계 | $13 + 7 =$ 〔가〕 |

| 2 단계 | $3 \times 7 =$ 〔나〕 |

| 3 단계 | 〔가〕 |

$+$ 〔나〕

답 〔다〕

② **17×14**

| 1 단계 | $17 + 4 =$ 〔가〕 |

| 2 단계 | $7 \times 4 =$ 〔나〕 |

| 3 단계 | 〔가〕 |

$+$ 〔나〕

답 〔다〕

③ **13×14**

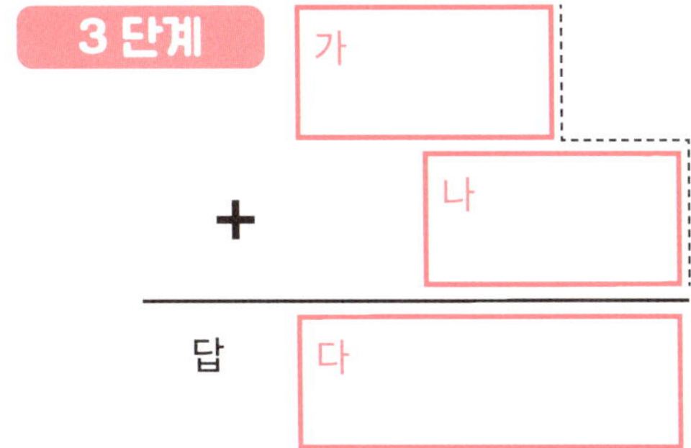

| 1 단계 | $13 + 4 =$ 〔가〕 |

| 2 단계 | $3 \times 4 =$ 〔나〕 |

| 3 단계 | 〔가〕 |

$+$ 〔나〕

답 〔다〕

④ **18×17**

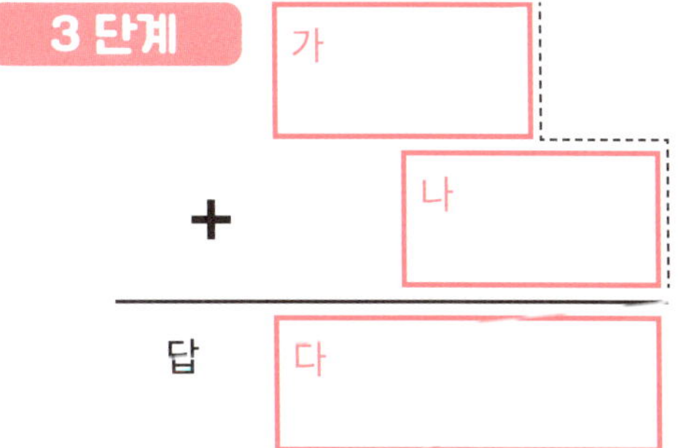

| 1 단계 | $18 + 7 =$ 〔가〕 |

| 2 단계 | $8 \times 7 =$ 〔나〕 |

| 3 단계 | 〔가〕 |

$+$ 〔나〕

답 〔다〕

▶정답은 121 쪽

⑤ 36쪽의 (예)와 같이 계산해서 곱셈의 답을 구해 봅시다.

① **13×11**

| 1 단계 | 13 + 1 = 가 |
| 2 단계 | 3 × 1 = 나 |

3 단계

가
+ 나
―――――
답 다

② **14×15**

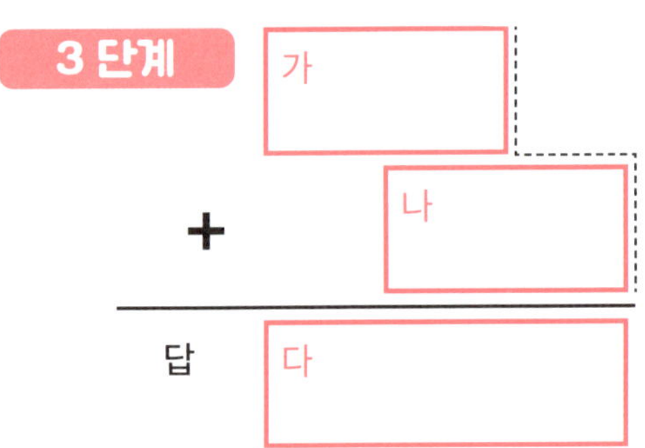

| 1 단계 | 14 + 5 = 가 |
| 2 단계 | 4 × 5 = 나 |

3 단계

가
+ 나
―――――
답 다

③ **16×19**

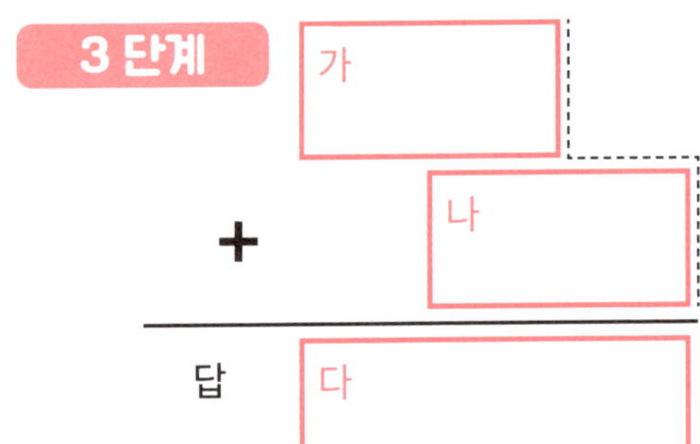

| 1 단계 | 16 + 9 = 가 |
| 2 단계 | 6 × 9 = 나 |

3 단계

가
+ 나
―――――
답 다

④ **19×13**

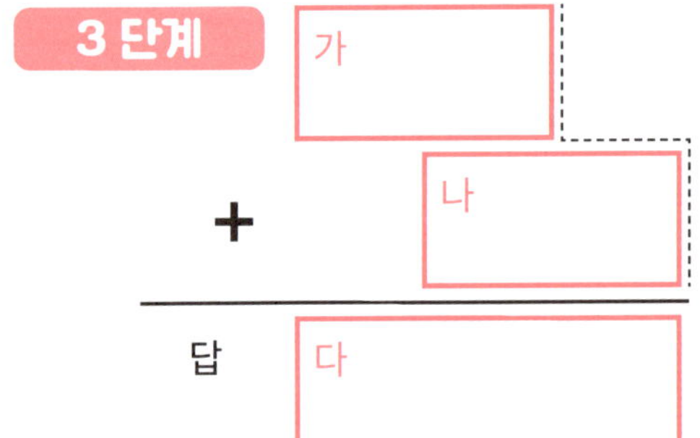

| 1 단계 | 19 + 3 = 가 |
| 2 단계 | 9 × 3 = 나 |

3 단계

가
+ 나
―――――
답 다

⑤ **12×13**

| 1 단계 | $12 + 3 =$ | 가 |
| 2 단계 | $2 \times 3 =$ | 나 |

3 단계

가
+ 나
———
답 다

⑥ **11×12**

| 1 단계 | $11 + 2 =$ | 가 |
| 2 단계 | $1 \times 2 =$ | 나 |

3 단계

가
+ 나
———
답 다

⑦ **14×18**

| 1 단계 | $14 + 8 =$ | 가 |
| 2 단계 | $4 \times 8 =$ | 나 |

3 단계

가
+ 나
———
답 다

⑧ **17×11**

| 1 단계 | $17 + 1 =$ | 가 |
| 2 단계 | $7 \times 1 =$ | 나 |

3 단계

가
+ 나
———
답 다

5   19까지 두 자릿수 곱셈 계산 '두 자릿수 구구단'을 암산해 보자!

이 장을 마무리하며, 인도 곱셈 계산법의 제1 법칙으로 11부터 19까지 두 자릿수 곱셈을 암산하는 연습을 해 봅시다. 총 3단계의 순서를 떠올리며 계산하다 보면 두뇌 회전이 점점 빨라질 것입니다.

1 인도 곱셈 계산법 제1 법칙으로 곱셈의 답을 구해 봅시다.

▶ 정답은 121 쪽

① 13×12 =

② 14×16 =

③ 17×13 =

④ 19×14 =

⑤ 15×15 =

⑥ 18×12 =

❷ 인도 곱셈 계산법 제1 법칙으로 곱셈의 답을 구해 봅시다.

▶ 정답은 121 쪽

① $11 \times 13 =$

② $15 \times 16 =$

③ $17 \times 12 =$

④ $18 \times 15 =$

⑤ $19 \times 18 =$

⑥ $14 \times 17 =$

⑦ $11 \times 18 =$

⑧ $11 \times 19 =$

▶ 정답은 121 쪽

① 15×14 =

② 13×17 =

③ 18×19 =

④ 16×16 =

⑤ 19×17 =

⑥ 15×12 =

⑦ 13×16 =

⑧ 18×17 =

❹ 인도 곱셈 계산법 제1 법칙으로 곱셈의 답을 구해 봅시다.

▶정답은 121 쪽

① $12 \times 11 =$

② $16 \times 14 =$

③ $11 \times 15 =$

④ $17 \times 17 =$

⑤ $18 \times 14 =$

⑥ $14 \times 11 =$

⑦ $19 \times 11 =$

⑧ $15 \times 13 =$

❺ 인도 곱셈 계산법 제1 법칙으로 곱셈의 답을 구해 봅시다.

▶정답은 121 쪽

① 18×11 = 

② 14×14 = 

③ 13×15 = 

④ 11×19 = 

⑤ 19×16 =

⑥ 15×11 =

⑦ 14×15 =

⑧ 17×16 =

❻ 인도 곱셈 계산법 제1 법칙으로 곱셈의 답을 구해 봅시다.

▶ 정답은 121 쪽

① $12 \times 12 =$

② $15 \times 19 =$

③ $17 \times 18 =$

④ $16 \times 11 =$

⑤ $12 \times 19 =$

⑥ $13 \times 13 =$

⑦ $16 \times 12 =$

⑧ $13 \times 11 =$

❼ 인도 곱셈 계산법 제1 법칙으로 곱셈의 답을 구해 봅시다.

① $19 \times 19 =$ ☐

② $16 \times 15 =$ ☐

③ $12 \times 14 =$ ☐

④ $13 \times 19 =$ ☐

⑤ $18 \times 18 =$ ☐

⑥ $12 \times 16 =$ ☐

⑦ $14 \times 19 =$ ☐

⑧ $15 \times 15 =$ ☐

❽ 인도 곱셈 계산법 제1 법칙으로 곱셈의 답을 구해 봅시다.

▶ 정답은 121 쪽

① $11 \times 11 =$ 

② $12 \times 18 =$ 

③ $16 \times 17 =$

④ $14 \times 12 =$ 

⑤ $19 \times 15 =$ 

⑥ $16 \times 18 =$ 

⑦ $11 \times 14 =$ 

1   '74 × 76'…큰 두 자릿수의 곱셈은 우선 '십의 자리 수'를 살펴보자!

인도 곱셈 계산법 제2 법칙으로 계산하면 20보다 큰 두 자릿수 곱셈도 순식간에 풀 수 있습니다. 이 법칙으로 계산하려면 먼저 십의 자리 수가 같고, 일의 자리 수끼리 더하면 10이 되는 수의 조합을 찾아야 합니다.

74 와 76 을 보고 혹시 눈치챈 게 있나요?

74와 76, 이 두 수의 비밀은

①   십의 자리 수가 같다는 점

74   76

②   일의 자리 수끼리 더하면 10이 된다는 점

74   76

일의 자리 수는 4 와 6

이 '두 가지 비밀'을 가진 수를 발견했다면, 인도 곱셈 계산법으로 아주 쉽게 계산할 수 있게 됩니다. 그럼 이제 **십의 자리 수가 같고, 일의 자리 수끼리 더하면 10**이 되는 수의 조합을 찾아봅시다.

〈예〉 다음 ☐ 안의 수 중에서 십의 자리 수가 같고 일의 자리 수끼리 더하면 10이 되는 수의 조합 한 쌍을 찾아보세요.

11	28	32	19	41	29

정답 **11**과 **19**

❶ 다음 ☐ 안의 수 중에서 십의 자리 수가 같고 일의 자리 수끼리 더하면 10이 되는 수의 조합을 모두 찾아보세요. ▶정답은 122쪽

44	86	94	68
18	62	32	46

(답) ☐ 와/과 ☐ , ☐ 와/과 ☐

❷ 다음 ☐ 안의 수 중에서 십의 자리 수가 같고 일의 자리 수끼리 더하면 10이 되는 수의 조합을 모두 찾아보세요.

▶ 정답은 122 쪽

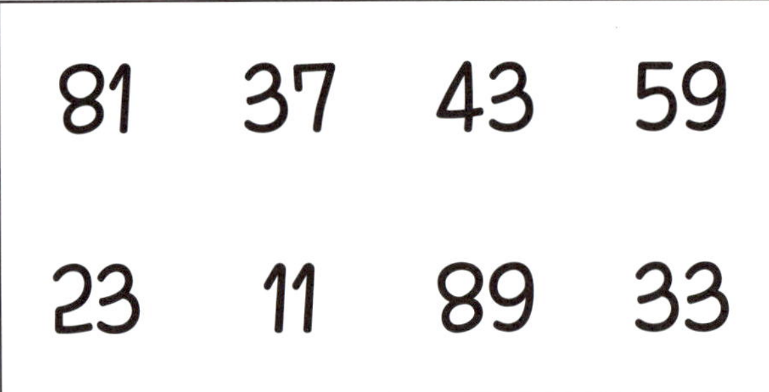

(답) ☐ 와/과 ☐ , ☐ 와/과 ☐

74×76 의 경우

여기서도 3 단계로 계산합니다.

1 단계

십의 자리 수와 십의 자리 수에 1 을 더한 수를 곱합니다.

$$7 4 × 7 6$$

십의 자리 수는 7
여기에 1을 더한 수는 8

7 과 8 을 곱해 봅시다.

$$7 × 8 = 56$$

2 단계

일의 자리 수끼리 곱합니다.

$$7 4 × 7 6$$

4 과 6 을 곱해 봅시다.

$$4 × 6 = 24$$

3 단계

1단계와 **2단계**에서 계산한 수를 순서대로 적어 봅시다.

1 단계 $7 \times 8 = 56$

2 단계 $4 \times 6 = 24$

56 과 24 를 순서대로 적어 보면

3 단계

정답 (5 6) (2 4)
1단계   2단계

74×76 = 5624가 바로 정답입니다.
한 자릿수 구구단만으로 두 자릿수 곱셈을 완벽하게 풀었습니다!

의 경우

2단계의 결과가 한 자릿수라면 주의해야 할 점이 있습니다.

1 단계 $7 \times 8 = 56$

2 단계 $1 \times 9 = 09$

3 단계 $71 \times 79 = 5609$

2단계가 한 자릿수라면 '09'로 적어서 두 자릿수만큼 자리를 채웁니다.

'두 가지 비밀'을 가진 수의 조합을 발견했다면 '십의 자리 수'와 '십의 자리 수에 1을 더한 수'를 곱해 봅시다.

1 단계 연습을 해 봅시다.

(예)

$$32 \times 38$$

십의 자리
수
$$3 \times 4 = \boxed{12}$$
십의 자리
수+1

❶ (예)와 같이 십의 자리 수와 십의 자리 수에 1을 더한 수를 곱해 봅시다.

▶ 정답은 122 쪽

① 62×68

십의 자리   십의 자리
수   수+1
$$6 \times 7 = \boxed{}$$

② 87×83

십의 자리   십의 자리
수   수+1
$$8 \times 9 = \boxed{}$$

③ 31×39

십의 자리   십의 자리
수   수+1
$$3 \times 4 = \boxed{}$$

④ 72×78

십의 자리   십의 자리
수   수+1
$$7 \times 8 = \boxed{}$$

❷ 54쪽의 (예)와 같이 십의 자리 수와 십의 자리 수에 1을 더한 수를 곱해 봅시다.

▶정답은 122 쪽

① 51×59

십의 자리 수   십의 자리 수+1
$5 × 6 =$

② 15×15

십의 자리 수   십의 자리 수+1
$1 × 2 =$

③ 34×36

십의 자리 수   십의 자리 수+1
$3 × 4 =$

④ 82×88

십의 자리 수   십의 자리 수+1
$8 × 9 =$

⑤ 64×66

십의 자리 수   십의 자리 수+1
$6 × 7 =$

⑥ 22×28

십의 자리 수   십의 자리 수+1
$2 × 3 =$

⑦ 92×98

십의 자리 수   십의 자리 수+1
$9 × 10 =$

⑧ 47×43

십의 자리 수   십의 자리 수+1
$4 × 5 =$

▶ 정답은 122 쪽

❸ 54쪽의 (예)와 같이 십의 자리 수와 십의 자리 수에 1을 더한 수를 곱해 봅시다.

① 65×65

십의 자리 수 십의 자리 수+1

$6 \times 7 = \boxed{}$

② 17×13

십의 자리 수 십의 자리 수+1

$1 \times 2 = \boxed{}$

③ 21×29

십의 자리 수 십의 자리 수+1

$2 \times 3 = \boxed{}$

④ 52×58

십의 자리 수 십의 자리 수+1

$5 \times 6 = \boxed{}$

⑤ 75×75

십의 자리 수 십의 자리 수+1

$7 \times 8 = \boxed{}$

⑥ 39×31

십의 자리 수 십의 자리 수+1

$3 \times 4 = \boxed{}$

⑦ 86×84

십의 자리 수 십의 자리 수+1

$8 \times 9 = \boxed{}$

⑧ 41×49

십의 자리 수 십의 자리 수+1

$4 \times 5 = \boxed{}$

3 '74 × 76'…큰 두 자릿수 곱셈 계산
2 단계 연습, 두 번째도 곱셈!

1 단계 연습이 끝났다면, 이번에는 큰 두 자릿수의 일의 자리 수끼리 곱해 봅시다.

이것이 **2 단계** 입니다.

2 단계 연습을 해 봅시다.

(예)

$$32 \times 38$$

일의 자리 수끼리 곱합니다.

$$2 \times 8 = \boxed{16}$$

1 (예)와 같이 일의 자리 수끼리 곱해 봅시다.

▶ 정답은 122 쪽

① 11×19

$1 \times 9 = \boxed{}$

② 22×28

$2 \times 8 = \boxed{}$

③ 33×37

$3 \times 7 = \boxed{}$

④ 44×46

$4 \times 6 = \boxed{}$

▶정답은 122 쪽

① 62×68

2 × 8 =

② 87×83

7 × 3 =

③ 14×16

4 × 6 =

④ 78×72

8 × 2 =

⑤ 51×59

1 × 9 =

⑥ 15×15

5 × 5 =

⑦ 96×94

6 × 4 =

⑧ 89×81

9 × 1 =

❸ 57쪽의 (예)와 같이 일의 자리 수끼리 곱해 봅시다.

▶ 정답은 122 쪽

① 39×31

$9 \times 1 =$ ☐

② 23×27

$3 \times 7 =$ ☐

③ 65×65

$5 \times 5 =$ ☐

④ 64×66

$4 \times 6 =$ ☐

⑤ 92×98

$2 \times 8 =$ ☐

⑥ 21×29

$1 \times 9 =$ ☐

⑦ 77×73

$7 \times 3 =$ ☐

⑧ 58×52

$8 \times 2 =$ ☐

▶ 정답은 122 쪽

① 72×78

2 × 8 =

② 69×61

9 × 1 =

③ 26×24

6 × 4 =

④ 43×47

3 × 7 =

⑤ 38×32

8 × 2 =

⑥ 55×55

5 × 5 =

⑦ 97×93

7 × 3 =

⑧ 64×66

4 × 6 =

 '74 × 76'…큰 두 자릿수 곱셈 계산
3 단계 연습, 순서대로 적기

1 단계 와 2 단계 의 계산이 끝났다면 마지막에 그 수를 순서대로 적어 봅시다.

이것이 3 단계 입니다.

3 단계 연습을 해 봅시다.

(예)

32 × 38

1 단계 $3 × 4 = 12$

2 단계 $2 × 8 = 16$

3 단계 정답 1단계 2단계
1 2   1 6

❶ (예)와 같이 계산해서 곱셈의 답을 구해 봅시다.

▶정답은 122 쪽

① 62×68

1 단계 6×7 = 가

2 단계 2×8 = 나

3 단계 답 = 다

② 87×83

1 단계 8×9 = 가

2 단계 7×3 = 나

3 단계 답 = 다

▶ 정답은 122 쪽

② 61쪽의 (예)와 같이 계산해서 곱셈의 답을 구해 봅시다.

① 51×59

1 단계	$5×6=$	가
2 단계	$1×9=$	나
3 단계	답 =	다

② 15×15

1 단계	$1×2=$	가
2 단계	$5×5=$	나
3 단계	답 =	다

③ 94×96

1 단계	$9×10=$	가
2 단계	$4×6=$	나
3 단계	답 =	다

④ 82×88

1 단계	$8×9=$	가
2 단계	$2×8=$	나
3 단계	답 =	다

⑤ 44×46

1 단계	$4×5=$	가
2 단계	$4×6=$	나
3 단계	답 =	다

⑥ 22×28

1 단계	$2×3=$	가
2 단계	$2×8=$	나
3 단계	답 =	다

❸ 61쪽의 (예)와 같이 계산해서 곱셈의 답을 구해 봅시다.

▶ 정답은 122 쪽

① 92×98

1 단계	$9×10=$	가
2 단계	$2×8=$	나
3 단계	답 $=$	다

② 67×63

1 단계	$6×7=$	가
2 단계	$7×3=$	나
3 단계	답 $=$	다

③ 35×35

1 단계	$3×4=$	가
2 단계	$5×5=$	나
3 단계	답 $=$	다

④ 77×73

1 단계	$7×8=$	가
2 단계	$7×3=$	나
3 단계	답 $=$	다

⑤ 21×29

1 단계	$2×3=$	가
2 단계	$1×9=$	나
3 단계	답 $=$	다

⑥ 52×58

1 단계	$5×6=$	가
2 단계	$2×8=$	나
3 단계	답 $=$	다

❹ 61쪽의 (예)와 같이 계산해서 곱셈의 답을 구해 봅시다.

▶ 정답은 123 쪽

① 75×75

1 단계 7×8 = [가]

2 단계 5×5 = [나]

3 단계 답 = [다]

② 69×61

1 단계 6×7 = [가]

2 단계 9×1 = [나]

3 단계 답 = [다]

③ 26×24

1 단계 2×3 = [가]

2 단계 6×4 = [나]

3 단계 답 = [다]

④ 81×89

1 단계 8×9 = [가]

2 단계 1×9 = [나]

3 단계 답 = [다]

⑤ 38×32

1 단계 3×4 = [가]

2 단계 8×2 = [나]

3 단계 답 = [다]

⑥ 55×55

1 단계 5×6 = [가]

2 단계 5×5 = [나]

3 단계 답 = [다]

⑤ 61쪽의 (예)와 같이 계산해서 곱셈의 답을 구해 봅시다.

▶정답은 123 쪽

① 95×95

1 단계	$9×10 =$	가
2 단계	$5×5 =$	나
3 단계	답 $=$	다

② 74×76

1 단계	$7×8 =$	가
2 단계	$4×6 =$	나
3 단계	답 $=$	다

③ 34×36

1 단계	$3×4 =$	가
2 단계	$4×6 =$	나
3 단계	답 $=$	다

④ 68×62

1 단계	$6×7 =$	가
2 단계	$8×2 =$	나
3 단계	답 $=$	다

⑤ 91×99

1 단계	$9×10 =$	가
2 단계	$1×9 =$	나
3 단계	답 $=$	다

⑥ 45×45

1 단계	$4×5 =$	가
2 단계	$5×5 =$	나
3 단계	답 $=$	다

'74 × 76'…큰 두 자릿수 곱셈 계산 '두 자릿수 구구단'을 암산해 보자!

이 장을 마무리하며, 인도 곱셈 계산법의 제2 법칙으로 '31×39', '76 × 74', '83 × 87'과 같이 20보다 큰 두 자릿수 곱셈을 암산하는 연습을 해 봅시다. 두뇌가 점점 더 좋아지는 것이 느껴질 것입니다.

❶ 인도 곱셈 계산법 제2 법칙으로 곱셈의 답을 구해 봅시다.

▶ 정답은 123 쪽

① 31×39 = ☐　　② 76×74 = ☐

③ 83×87 = ☐　　④ 25×25 = ☐

⑤ 18×12 = ☐　　⑥ 33×37 = ☐

❷ 인도 곱셈 계산법 제2 법칙으로 곱셈의 답을 구해 봅시다.

▶정답은 123 쪽

① 85×85 =

② 24×26 =

③ 48×42 =

④ 91×99 =

⑤ 67×63 =

⑥ 52×58 =

❸ 인도 곱셈 계산법 제2 법칙으로 곱셈의 답을 구해 봅시다.

▶ 정답은 123 쪽

① $36 \times 34 =$

② $81 \times 89 =$

③ $57 \times 53 =$

④ $75 \times 75 =$

⑤ $49 \times 41 =$

⑥ $22 \times 28 =$

❹ 인도 곱셈 계산법 제2 법칙으로 곱셈의 답을 구해 봅시다.

▶ 정답은 123 쪽

① $16 \times 14 =$

② $72 \times 78 =$

③ $69 \times 61 =$

④ $93 \times 97 =$

⑤ $45 \times 45 =$

⑥ $88 \times 82 =$

❺ 인도 곱셈 계산법 제2 법칙으로 곱셈의 답을 구해 봅시다.

▶ 정답은 123 쪽

① 43×47 =

② 79×71 =

③ 38×32 =

④ 94×96 =

⑤ 15×15 =

⑥ 27×23 =

❻ 인도 곱셈 계산법 제2 법칙으로 곱셈의 답을 구해 봅시다.

▶정답은 123 쪽

① $84 \times 86 =$

② $17 \times 13 =$

③ $21 \times 29 =$

④ $56 \times 54 =$

⑤ $98 \times 92 =$

⑥ $35 \times 35 =$

▶ 정답은 123 쪽

① 51×59 =

② 68×62 =

③ 65×65 =

④ 74×76 =

⑤ 12×18 =

⑥ 37×33 =

❽ 인도 곱셈 계산법 제2 법칙으로 곱셈의 답을 구해 봅시다.

▶ 정답은 123 쪽

① 39×31 =

② 82×88 =

③ 53×57 =

④ 64×66 =

⑤ 89×81 =

⑥ 28×22 =

▶ 정답은 123 쪽

❾ 인도 곱셈 계산법 제2 법칙으로 곱셈의 답을 구해 봅시다.

① $58 \times 52 =$ ☐

② $63 \times 67 =$ ☐

③ $26 \times 24 =$ ☐

④ $11 \times 19 =$ ☐

⑤ $77 \times 73 =$ ☐

⑥ $85 \times 85 =$ ☐

10 인도 곱셈 계산법 제2 법칙으로 곱셈의 답을 구해 봅시다.

▶ 정답은 123 쪽

① 29×21 =

② 62×68 =

③ 46×44 =

④ 87×83 =

⑤ 38×32 =

⑥ 59×51 =

▶정답은 123 쪽

11 인도 곱셈 계산법 제2 법칙으로 곱셈의 답을 구해 봅시다.

① $47 \times 43 =$

② $61 \times 69 =$

③ $78 \times 72 =$

④ $55 \times 55 =$

⑤ $13 \times 17 =$

⑥ $54 \times 56 =$

12 인도 곱셈 계산법 제2 법칙으로 곱셈의 답을 구해 봅시다.

▶정답은 123 쪽

① $41 \times 49 =$

② $95 \times 95 =$

③ $16 \times 14 =$

④ $77 \times 73 =$

⑤ $92 \times 98 =$

⑥ $34 \times 36 =$

1 '29 × 89'···끝나지 않은 마법의 곱셈, 우선 '일의 자리 수'를 살펴보자!

인도 곱셈 계산법 제3 법칙은 우선 일의 자리 수가 같고, 십의 자리 수끼리 더하면 10이 되는 수의 조합을 찾아야 합니다. 이를 통해 제2 법칙과 마찬가지로 큰 두 자릿수 곱셈을 순식간에 풀 수 있습니다. 단, 제2 법칙과 헷갈릴 수 있으니 주의해야 합니다.

29 와 89 를 보고 혹시 눈치챈 게 있나요?

아마 금방 찾았을 겁니다. 29와 89, 이 두 수의 비밀은

① 일의 자리 수가 같다는 점

2 9   8 9

② 십의 자리 수끼리 더하면 10이 된다는 점

2 9   8 9

십의 자리 수는 2 와 8

인도 곱셈 계산법 제2 법칙과는 수를 조합하는 방식이 반대입니다.
그럼 이제 **일의 자리 수가 같고, 십의 자리 수끼리 더하면 10** 이 되는 수의 조합을 찾아봅시다.

(예) 다음 ▭ 안의 수 중에서 일의 자리 수가 같고 십의 자리 수끼리 더하면 10이 되는 수의 조합 한 쌍을 찾아보세요.

28	22	32	78	51	82

정답   22와 82

❶ 다음 ▭ 안의 수 중에서 일의 자리 수가 같고 십의 자리 수끼리 더하면 10이 되는 수의 조합을 모두 찾아보세요.

▶ 정답은 124 쪽

24	91	36	97
11	76	73	19

(답) [　　 와/과 　　] , [　　 와/과 　　]

❷ 다음 ☐ 안의 수 중에서 일의 자리 수가 같고 십의 자리 수끼리 더하면 10이 되
는 수의 조합을 모두 찾아보세요.
▶정답은 124 쪽

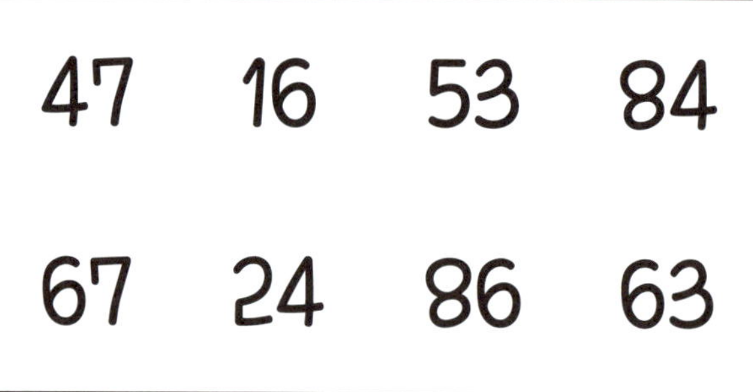

47	16	53	84
67	24	86	63

(답) ☐ 와/과 ☐ , ☐ 와/과 ☐

29×89 의 경우

여기서도 3 단계로 계산합니다.

1 단계

십의 자리 수와 십의 자리 수를 곱한 수에 일의 자리 수를 더합니다.

$$2\,9 \times 8\,9$$

2 와 8 을 곱한 다음 9를 더합니다.

$$2 \times 8 + 9 = 25$$

2 단계

일의 자리 수끼리 곱합니다.

$$2\,9 \times 8\,9$$

9 와 9 를 곱해 봅시다.

$$9 \times 9 = 81$$

3 단계

1단계와 **2단계**에서 계산한 수를 순서대로 적어 봅시다.

1 단계 $2 \times 8 + 9 = 25$

2 단계 $9 \times 9 = 81$

25 와 81 을 순서대로 적어 보면

3 단계

1단계 2단계

정답 25 81

$29 \times 89 = 2581$ 이 바로 정답입니다.
직접 쓰면서 계산하지 않아도 쉽게 답을 구할 수 있습니다.

의 경우

2단계의 결과가 한 자릿수라면 주의해야 할 점이 있습니다.

1 단계 $1 \times 9 + 1 = 10$

2 단계 $1 \times 1 = 01$

3 단계 $11 \times 91 = 1001$

2단계가 한 자릿수라면 '01'로 적어서 두 자릿수만큼 자리를 채웁니다.

인도 곱셈 계산법 제3 법칙으로 계산할 수 있는 수의 조합을 발견했다면 실제로 계산해 봅시다.
우선 십의 자리 수와 십의 자리 수를 곱한 수에 일의 자리 수를 더합니다.

1단계 연습을 해 봅시다.

(예)

$$47 \times 67$$

십의 자리 수 · 십의 자리 수 · 일의 자리 수

$$4 \times 6 + 7 = \boxed{31}$$

확인!

· 일의 자리 수는 7로 같다
· 십의 자리 수는 4+6 = 10

❶ (예)와 같이 십의 자리 수와 십의 자리 수를 곱한 수에 일의 자리 수를 더해 봅시다.

▶ 정답은 124 쪽

① 26×86

십의 자리 수 · 십의 자리 수 · 일의 자리 수

$$2 \times 8 + 6 = \boxed{}$$

② 77×37

십의 자리 수 · 십의 자리 수 · 일의 자리 수

$$7 \times 3 + 7 = \boxed{}$$

❷ 82쪽의 (예)와 같이 십의 자리 수와 십의 자리 수를 곱한 수에 일의 자리 수를 더해 봅시다.

▶정답은 124 쪽

① **13×93**

십의 자리 수　십의 자리 수　일의 자리 수

$$1 \times 9 + 3 = \boxed{}$$

② **64×44**

십의 자리 수　십의 자리 수　일의 자리 수

$$6 \times 4 + 4 = \boxed{}$$

③ **31×71**

십의 자리 수　십의 자리 수　일의 자리 수

$$3 \times 7 + 1 = \boxed{}$$

④ **58×58**

십의 자리 수　십의 자리 수　일의 자리 수

$$5 \times 5 + 8 = \boxed{}$$

▶ 정답은 124 쪽

❸ 82쪽의 (예)와 같이 십의 자리 수와 십의 자리 수를 곱한 수에 일의 자리 수를 더해 봅시다.

① 43×63

십의 자리 수　십의 자리 수　일의 자리 수

$4 \times 6 + 3 =$

② 97×17

십의 자리 수　십의 자리 수　일의 자리 수

$9 \times 1 + 7 =$

③ 25×85

십의 자리 수　십의 자리 수　일의 자리 수

$2 \times 8 + 5 =$

④ 74×34

십의 자리 수　십의 자리 수　일의 자리 수

$7 \times 3 + 4 =$

3 '29 × 89'…끝나지 않은 마법의 곱셈, 2 단계 연습, 다음은 곱셈!

1 단계 연습이 끝났다면, 이번에는 큰 두 자릿수의 일의 자리 수끼리 곱해 봅시다.

이것이 2 단계 입니다.

2 단계 연습을 해 봅시다.

확인 !

· 일의 자리 수는 7로 같다
· 십의 자리 수는 4+6 = 10

(예 1)

$$47 \times 67$$

일의 자리 수끼리 곱합니다.

$$7 \times 7 = \boxed{49}$$

(예 2)

$$12 \times 92$$

일의 자리 수끼리 곱합니다.

$$2 \times 2 = \boxed{04}$$

곱셈의 결과가 한 자릿수라면
앞에 0이 있다고 생각하고 계산해 봅시다.

▶ 정답은 124 쪽

1 85쪽의 〈예〉와 같이 일의 자리 수끼리 곱해 봅시다.

① 26×86
$6 \times 6 =$ ☐

② 72×32
$2 \times 2 =$ ☐

③ 15×95
$5 \times 5 =$ ☐

④ 64×44
$4 \times 4 =$ ☐

⑤ 71×31
$1 \times 1 =$ ☐

⑥ 28×88
$8 \times 8 =$ ☐

⑦ 43×63
$3 \times 3 =$ ☐

⑧ 97×17
$7 \times 7 =$ ☐

 85쪽의 (예)와 같이 일의 자리 수끼리 곱해 봅시다.

▶정답은 124 쪽

① 29×89

$9 \times 9 =$

② 74×34

$4 \times 4 =$

③ 41×61

$1 \times 1 =$

④ 96×16

$6 \times 6 =$

⑤ 53×53

$3 \times 3 =$

⑥ 68×48

$8 \times 8 =$

⑦ 15×95

$5 \times 5 =$

⑧ 52×52

$2 \times 2 =$

▶ 정답은 124 쪽

❸ 85쪽의 (예)와 같이 일의 자리 수끼리 곱해 봅시다.

① 35×75

$5 \times 5 =$ ☐

② 56×56

$6 \times 6 =$ ☐

③ 81×21

$1 \times 1 =$ ☐

④ 42×62

$2 \times 2 =$ ☐

⑤ 54×54

$4 \times 4 =$ ☐

⑥ 19×99

$9 \times 9 =$ ☐

⑦ 47×67

$7 \times 7 =$ ☐

⑧ 98×18

$8 \times 8 =$ ☐

 '29 × 89'…끝나지 않은 마법의 곱셈, 3단계 연습, 순서대로 적기

1단계 와 **2단계** 에서 계산한 수를 순서대로 적어 봅시다.

이것이 **3단계** 입니다.

3단계 연습을 해 봅시다.

(예)

$$47 \times 67$$

1단계 $4 \times 6 + 7 = 31$

2단계 $7 \times 7 = 49$

3단계 정답   1단계 31   2단계 4 9

❶ (예)와 같이 계산해서 곱셈의 답을 구해 봅시다.

▶정답은 124쪽

① 26×86

1단계 $2 \times 8 + 6 =$ 가

2단계 $6 \times 6 =$ 나

3단계 답 = 다

▶정답은 124 쪽

② 89쪽의 (예)와 같이 계산해서 곱셈의 답을 구해 봅시다.

① 13×93

1 단계　$1×9+3=$ 〔가〕

2 단계　$3×3=$ 〔나〕

3 단계　답 $=$ 〔나〕

② 64×44

1 단계　$6×4+4=$ 〔가〕

2 단계　$4×4=$ 〔나〕

3 단계　답 $=$ 〔다〕

③ 71×31

1 단계　$7×3+1=$ 〔가〕

2 단계　$1×1=$ 〔나〕

3 단계　답 $=$ 〔다〕

❸ 89쪽의 (예)와 같이 계산해서 곱셈의 답을 구해 봅시다.

▶정답은 124 쪽

① 28×88

1 단계	$2×8+8=$	가
2 단계	$8×8=$	나
3 단계	답 $=$	다

② 43×63

1 단계	$4×6+3=$	가
2 단계	$3×3=$	나
3 단계	답 $=$	다

③ 97×17

1 단계	$9×1+7=$	가
2 단계	$7×7=$	나
3 단계	답 $=$	다

▶ 정답은 124 쪽

④ 89쪽의 (예)와 같이 계산해서 곱셈의 답을 구해 봅시다.

① 25×85

1 단계　2×8+5 = ［가　　］

2 단계　5×5 = ［나　　］

3 단계　답 = ［다　　］

② 74×34

1 단계　7×3+4 = ［가　　］

2 단계　4×4 = ［나　　］

3 단계　답 = ［다　　］

③ 41×61

1 단계　4×6+1 = ［가　　］

2 단계　1×1 = ［나　　］

3 단계　답 = ［다　　］

5 89쪽의 (예)와 같이 계산해서 곱셈의 답을 구해 봅시다.

▶정답은 124 쪽

① 96×16

1 단계　9×1+6 = [가　　　]

2 단계　6×6 = [나　　　]

3 단계　답 = [다　　　]

② 53×53

1 단계　5×5+3 = [가　　　]

2 단계　3×3 = [나　　　]

3 단계　답 = [다　　　]

③ 68×48

1 단계　6×4+8 = [가　　　]

2 단계　8×8 = [나　　　]

3 단계　답 = [다　　　]

'29 × 89'…끝나지 않은 마법의 곱셈, '두 자릿수 구구단'을 암산해 보자!

이 장을 마무리하며, 인도 곱셈 계산법의 제3 법칙으로 '39×79', '55×55', '83×23' 과 같이 20 보다 큰 두 자릿수 곱셈을 암산하는 연습을 해 봅시다. 두뇌 회전이 점점 빨라질 것입니다.

❶ 인도 곱셈 계산법 제3 법칙으로 곱셈의 답을 구해 봅시다.

▶ 정답은 124~125 쪽

① 39×79 =

② 55×55 =

③ 83×23 =

④ 61×41 =

⑤ 32×72 =

⑥ 57×57 =

❷ 인도 곱셈 계산법 제3 법칙으로 곱셈의 답을 구해 봅시다.

▶정답은 125 쪽

① $82 \times 22 =$

② $14 \times 94 =$

③ $65 \times 45 =$

④ $36 \times 76 =$

⑤ $58 \times 58 =$

⑥ $49 \times 69 =$

❸ 인도 곱셈 계산법 제3 법칙으로 곱셈의 답을 구해 봅시다.

▶ 정답은 125 쪽

① $12 \times 92 =$

② $73 \times 33 =$

③ $87 \times 27 =$

④ $59 \times 59 =$

⑤ $91 \times 11 =$

⑥ $24 \times 84 =$

❹ 인도 곱셈 계산법 제3 법칙으로 곱셈의 답을 구해 봅시다.

▶ 정답은 125 쪽

① 42×62 =

② 78×38 =

③ 96×16 =

④ 63×43 =

⑤ 31×71 =

⑥ 51×51 =

▶ 정답은 125 쪽

❺ 인도 곱셈 계산법 제3 법칙으로 곱셈의 답을 구해 봅시다.

① $85 \times 25 =$ ☐

② $48 \times 68 =$ ☐

③ $37 \times 77 =$ ☐

④ $93 \times 13 =$ ☐

⑤ $21 \times 81 =$ ☐

⑥ $75 \times 35 =$ ☐

❻ 인도 곱셈 계산법 제3 법칙으로 곱셈의 답을 구해 봅시다.

▶정답은 125 쪽

① $17 \times 97 =$

② $88 \times 28 =$

③ $44 \times 64 =$

④ $53 \times 53 =$

⑤ $62 \times 42 =$

⑥ $89 \times 29 =$

❼ 인도 곱셈 계산법 제3 법칙으로 곱셈의 답을 구해 봅시다.

▶ 정답은 125 쪽

① 56×56 =

② 99×19 =

③ 66×46 =

④ 34×74 =

⑤ 18×98 =

⑥ 81×21 =

❽ 인도 곱셈 계산법 제3 법칙으로 곱셈의 답을 구해 봅시다.

▶정답은 125 쪽

① 94×14 =

② 35×75 =

③ 51×51 =

④ 42×62 =

⑤ 33×73 =

⑥ 68×48 =

▶ 정답은 125 쪽

❾ 인도 곱셈 계산법 제3 법칙으로 곱셈의 답을 구해 봅시다.

① $13×93=$ ◻

② $95×15=$ ◻

③ $46×66=$ ◻

④ $38×78=$ ◻

⑤ $72×32=$ ◻

⑥ $23×83=$ ◻

⑩ 인도 곱셈 계산법 제3 법칙으로 곱셈의 답을 구해 봅시다.

▶정답은 125 쪽

① 45×65 =

② 22×82 =

③ 64×44 =

④ 79×39 =

⑤ 35×75 =

⑥ 69×49 =

▶ 정답은 125 쪽

11 인도 곱셈 계산법 제3 법칙으로 곱셈의 답을 구해 봅시다.

① $77 \times 37 =$ ☐

② $98 \times 18 =$ ☐

③ $19 \times 99 =$ ☐

④ $84 \times 24 =$ ☐

⑤ $71 \times 31 =$ ☐

⑥ $43 \times 63 =$ ☐

12 인도 곱셈 계산법 제3 법칙으로 곱셈의 답을 구해 봅시다.

▶ 정답은 125 쪽

① 27×87 =

② 41×61 =

③ 76×36 =

④ 29×89 =

⑤ 28×88 =

⑥ 12×92 =

1 인도 곱셈 계산법 [제1 법칙] 계산력이 얼마나 늘었을까?

이 책의 마지막 장은 마무리 테스트입니다. 마무리 테스트를 통해 인도 곱셈 계산법을 정리해 봅시다. 우선은 제1 법칙부터. 26쪽과 27쪽을 다시 읽어 보고 문제를 풀면 쉽게 계산할 수 있습니다.

❶ 인도 곱셈 계산법 제1 법칙으로 곱셈의 답을 구해 봅시다.

▶정답은 126 쪽

① 12×14 = 　　② 16×13 = 

③ 13×11 = 　　④ 14×15 = 

⑤ 19×12 = 　　⑥ 15×18 = 

⑦ 16×16 = 　　⑧ 17×12 =

❷ 인도 곱셈 계산법 제1 법칙으로 곱셈의 답을 구해 봅시다.

▶ 정답은 126 쪽

① $11 \times 12 =$ ☐

② $17 \times 14 =$ 

③ $15 \times 15 =$ 

④ $12 \times 18 =$ 

⑤ $16 \times 17 =$ 

⑥ $13 \times 15 =$ 

⑦ $18 \times 14 =$ ☐

⑧ $14 \times 19 =$ ☐

다음으로 인도 곱셈 계산법 제2 법칙을 한번 정리해 봅시다. 50쪽부터 53쪽을 다시 읽어보고 문제를 풀면 쉽게 계산할 수 있습니다.

❶ 인도 곱셈 계산법 제2 법칙으로 곱셈의 답을 구해 봅시다.

▶ 정답은 126 쪽

① 23×27 =

② 39×31 =

③ 54×56 =

④ 48×42 =

⑤ 87×83 =

⑥ 75×75 =

⑦ 19×11 =

⑧ 63×67 =

❷ 인도 곱셈 계산법 제2 법칙으로 곱셈의 답을 구해 봅시다.

▶ 정답은 126 쪽

① 43×47 =

② 26×24 =

③ 55×55 =

④ 78×72 =

⑤ 14×16 =

⑥ 61×69 =

⑦ 37×33 =

⑧ 92×98 =

다음으로 인도 곱셈 계산법 제3 법칙을 한번 정리해 봅시다. 78쪽부터 81쪽을 다시 읽어 보고 문제를 풀면 쉽게 계산할 수 있습니다. 이것으로 인도 곱셈 계산법의 세 가지 법칙을 모두 복습했습니다.

❶ 인도 곱셈 계산법 제3 법칙으로 곱셈의 답을 구해 봅시다.

▶정답은 126 쪽

① $42 \times 62 =$ 　　　　② $74 \times 34 =$

③ $15 \times 95 =$ 　　　　④ $27 \times 87 =$

⑤ $33 \times 73 =$ 　　　　⑥ $98 \times 18 =$

⑦ $41 \times 61 =$ 　　　　⑧ $56 \times 56 =$

❷ 인도 곱셈 계산법 제3 법칙으로 곱셈의 답을 구해 봅시다.

▶정답은 126 쪽

① $14 \times 94 =$

② $79 \times 39 =$

③ $52 \times 52 =$

④ $45 \times 65 =$

⑤ $38 \times 78 =$

⑥ $86 \times 26 =$

⑦ $63 \times 43 =$

⑧ $21 \times 81 =$

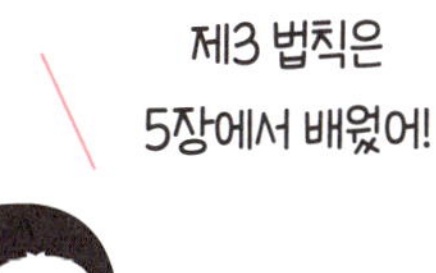

다음으로 인도 곱셈 계산법의 제1 법칙과 제2 법칙 중 어느 것을 활용할지 구분해서 계산해 봅시다. 차분히 생각해 보면 쉽습니다.

❶ 인도 베다수학 계산법으로 곱셈의 답을 구해 봅시다.

▶정답은 126 쪽

① 21×29 =

② 11×17 = 

③ 16×14 = 

④ 58×52 = 

⑤ 13×13 = 

⑥ 15×19 = 

⑦ 34×36 = 

⑧ 18×18 = 

❷ 인도 베다수학 계산법으로 곱셈의 답을 구해 봅시다.

▶ 정답은 126 쪽

① $18 \times 13 =$ ☐

② $65 \times 65 =$ ☐

③ $17 \times 18 =$ ☐

④ $11 \times 19 =$ ☐

⑤ $19 \times 13 =$ ☐

⑥ $73 \times 77 =$ ☐

⑦ $12 \times 16 =$ ☐

⑧ $14 \times 14 =$ ☐

5 인도 곱셈 계산법 [제2 & 제3 법칙]
마지막으로 계산력을 UP!

다음으로 인도 곱셈 계산법 제2 법칙과 제3 법칙을 섞은 문제입니다. 십의 자리 수가 같을지, 일의 자리 수가 같을지 생각하면서 풀어봅시다.

① 인도 베다수학 계산법으로 곱셈의 답을 구해 봅시다.

▶정답은 127 쪽

① $19 \times 99 =$ 　　② $86 \times 84 =$

③ $23 \times 83 =$ 　　④ $67 \times 47 =$

⑤ $12 \times 18 =$ 　　⑥ $54 \times 54 =$

⑦ $92 \times 12 =$  　　⑧ $49 \times 41 =$ 

❷ 인도 베다수학 계산법으로 곱셈의 답을 구해 봅시다.

▶ 정답은 127 쪽

① $71 \times 79 =$

② $44 \times 64 =$

③ $22 \times 28 =$

④ $76 \times 36 =$

⑤ $96 \times 94 =$

⑥ $31 \times 71 =$

⑦ $16 \times 96 =$

⑧ $48 \times 68 =$

인도 곱셈 계산법 [세 가지 법칙]
마지막으로 계산력을 UP!

마지막으로 인도 곱셈 계산법의 세 가지 법칙을 모두 섞은 문제입니다. 이 테스트를 술술 풀 수 있다면 계산력은 100점 만점!

1 인도 베다수학 계산법으로 곱셈의 답을 구해 봅시다.

▶ 정답은 127 쪽

① $82 \times 22 =$ 　　② $12 \times 15 =$ 

③ $51 \times 51 =$ 　　④ $46 \times 44 =$ 

⑤ $29 \times 89 =$ 　　⑥ $53 \times 57 =$ 

⑦ $16 \times 15 =$ 　　⑧ $38 \times 32 =$ 

❷ 인도 베다수학 계산법으로 곱셈의 답을 구해 봅시다.

▶ 정답은 127 쪽

① $16 \times 11 =$ [ ]

② $17 \times 97 =$ [ ]

③ $19 \times 16 =$ [ ]

④ $53 \times 53 =$ [ ]

⑤ $15 \times 15 =$ [ ]

⑥ $69 \times 49 =$ [ ]

⑦ $13 \times 12 =$ [ ]

⑧ $89 \times 81 =$ [ ]

정답

14. 15 쪽

- ① 보수 2　딱 떨어지는 수 90　② 보수 3　딱 떨어지는 수 100
- ③ 보수 1　딱 떨어지는 수 80　④ 보수 4　딱 떨어지는 수 50
- ⑤ 보수 4　딱 떨어지는 수 20　⑥ 보수 2　딱 떨어지는 수 50
- ⑦ 보수 3　딱 떨어지는 수 30　⑧ 보수 1　딱 떨어지는 수 90

1
- ① 보수 1　딱 떨어지는 수 30　A 48　정답 47
- ② 보수 3　딱 떨어지는 수 50　A 94　정답 91

16. 17 쪽

2
- ① 보수 4　딱 떨어지는 수 30　A 45　정답 41
- ② 보수 1　딱 떨어지는 수 50　A 74　정답 73

3
- ① 51　보수 3　② 75　보수 1　③ 67　보수 1
- ④ 62　보수 3　⑤ 62　보수 4　⑥ 81　보수 4
- ⑦ 72　보수 2　⑧ 76　보수 1

18. 19 쪽

4
- ① 90　보수 4　② 92　보수 1　③ 81　보수 2
- ④ 95　보수 1　⑤ 93　보수 2　⑥ 91　보수 3
- ⑦ 81　보수 4　⑧ 52　보수 2　⑨ 83　보수 2
- ⑩ 92　보수 1

5 ① 83 ② 72 ③ 93 ④ 91 ⑤ 43
　　 ⑥ 91 ⑦ 65 ⑧ 92 ⑨ 82 ⑩ 83

2장　인도 뺄셈 계산법

22. 23 쪽

1 ① 보수 1　딱 떨어지는 수 20　A 32　정답 33
　　② 보수 2　딱 떨어지는 수 40　A 34　정답 36

2 ① 보수 3　딱 떨어지는 수 20　A 6　정답 9
　　② 보수 4　딱 떨어지는 수 20　A 21　정답 25

24. 25 쪽

3 ① 58 보수 1　　② 15 보수 3　　③ 29 보수 2
　　④ 39 보수 4　　⑤ 16 보수 4　　⑥ 48 보수 2
　　⑦ 16 보수 2　　⑧ 37 보수 3　　⑨ 68 보수 1
　　⑩ 17 보수 4

4 ① 25 ② 35 ③ 16 ④ 55 ⑤ 5
　　⑥ 16 ⑦ 68 ⑧ 24 ⑨ 17 ⑩ 25

28. 29 쪽

1 ① 가 24 나 48 다 288   ② 가 15 나 06 다 156
 ③ 가 23 나 42 다 272   ④ 가 22 나 32 다 252
2 ① 가 17 나 06 다 176   ② 가 19 나 14 다 204
 ③ 가 27 나 72 다 342   ④ 가 21 나 30 다 240

30. 31 쪽

1 ① 18   ② 20   ③ 24   ④ 15   ⑤ 23   ⑥ 22

2 ① 19   ② 19   ③ 16   ④ 21   ⑤ 18   ⑥ 22   ⑦ 24   ⑧ 23   ⑨ 19

32. 33 쪽

1 ① 15   ② 9   ③ 48   ④ 6   ⑤ 42   ⑥ 32

2 ① 8   ② 18   ③ 8   ④ 24   ⑤ 12   ⑥ 35   ⑦ 45   ⑧ 36   ⑨ 14

34. 35 쪽

3 ① 28   ② 12   ③ 56   ④ 3   ⑤ 20   ⑥ 54   ⑦ 18   ⑧ 12   ⑨ 40

4 ① 7   ② 48   ③ 35   ④ 24   ⑤ 63   ⑥ 18   ⑦ 2   ⑧ 27   ⑨ 6

36. 37 쪽

1 ① 가 18 나 15 다 195   ② 가 20 나 09 다 209
2 ① 가 19 나 08 다 198   ② 가 19 나 18 다 208
 ③ 가 16 나 08 다 168   ④ 가 21 나 24 다 234

38. 39 쪽

3 ① 가 18 나 12 다 192   ② 가 22 나 35 다 255
 ③ 가 24 나 45 다 285   ④ 가 23 나 36 다 266

④ ① 가 20 나 21 다 221   ② 가 21 나 28 다 238
   ③ 가 17 나 12 다 182   ④ 가 25 나 56 다 306

⑤ ① 가 14 나 03 다 143   ② 가 19 나 20 다 210
   ③ 가 25 나 54 다 304   ④ 가 22 나 27 다 247
   ⑤ 가 15 나 06 다 156   ⑥ 가 13 나 02 다 132
   ⑦ 가 22 나 32 다 252   ⑧ 가 18 나 07 다 187

❶ ① 156 ② 224 ③ 221 ④ 266 ⑤ 225 ⑥ 216

❷ ① 143 ② 240 ③ 204 ④ 270 ⑤ 342 ⑥ 238 ⑦ 198 ⑧ 209

❸ ① 210 ② 221 ③ 342 ④ 256 ⑤ 323 ⑥ 180 ⑦ 208 ⑧ 306

❹ ① 132 ② 224 ③ 165 ④ 289 ⑤ 252 ⑥ 154 ⑦ 209 ⑧ 195

❺ ① 198 ② 196 ③ 195 ④ 209 ⑤ 304 ⑥ 165 ⑦ 210 ⑧ 272

❻ ① 144 ② 285 ③ 306 ④ 176 ⑤ 228 ⑥ 169 ⑦ 192 ⑧ 143

❼ ① 361 ② 240 ③ 168 ④ 247 ⑤ 324 ⑥ 192 ⑦ 266 ⑧ 225

❽ ① 121 ② 216 ③ 272 ④ 168 ⑤ 285 ⑥ 288 ⑦ 154

51. 52 쪽

① 44 와 46　68 과 62　　② 81 과 89　37 과 33

54. 55 쪽

① ① 42　② 72　③ 12　④ 56

② ① 30　② 2　③ 12　④ 72　⑤ 42　⑥ 6　⑦ 90　⑧ 20

56. 57 쪽

③ ① 42　② 2　③ 6　④ 30　⑤ 56　⑥ 12　⑦ 72　⑧ 20

① ① 9　② 16　③ 21　④ 24

58. 59 쪽

② ① 16　② 21　③ 24　④ 16　⑤ 9　⑥ 25　⑦ 24　⑧ 9

③ ① 9　② 21　③ 25　④ 24　⑤ 16　⑥ 9　⑦ 21　⑧ 16

60. 61 쪽

④ ① 16　② 9　③ 24　④ 21　⑤ 16　⑥ 25　⑦ 21　⑧ 24

① ① 가 42　나 16　다 4216　　② 가 72　나 21　다 7221

62. 63 쪽

② ① 가 30　나 09　다 3009　　② 가 2　나 25　다 225
　③ 가 90　나 24　다 9024　　④ 가 72　나 16　다 7216
　⑤ 가 20　나 24　다 2024　　⑥ 가 6　나 16　다 616

③ ① 가 90　나 16　다 9016　　② 가 42　나 21　다 4221
　③ 가 12　나 25　다 1225　　④ 가 56　나 21　다 5621
　⑤ 가 6　나 09　다 609　　⑥ 가 30　나 16　다 3016

64. 65 쪽

4
① 가 56 나 25 다 5625   ② 가 42 나 09 다 4209
③ 가 6   나 24 다 624   ④ 가 72 나 09 다 7209
⑤ 가 12 나 16 다 1216   ⑥ 가 30 나 25 다 3025

5
① 가 90 나 25 다 9025   ② 가 56 나 24 다 5624
③ 가 12 나 24 다 1224   ④ 가 42 나 16 다 4216
⑤ 가 90 나 09 다 9009   ⑥ 가 20 나 25 다 2025

66. 67 쪽

1 ① 1209 ② 5624 ③ 7221 ④ 625 ⑤ 216 ⑥ 1221
2 ① 7225 ② 624 ③ 2016 ④ 9009 ⑤ 4221 ⑥ 3016

68. 69 쪽

3 ① 1224 ② 7209 ③ 3021 ④ 5625 ⑤ 2009 ⑥ 616
4 ① 224 ② 5616 ③ 4209 ④ 9021 ⑤ 2025 ⑥ 7216

70. 71 쪽

5 ① 2021 ② 5609 ③ 1216 ④ 9024 ⑤ 225 ⑥ 621
6 ① 7224 ② 221 ③ 609 ④ 3024 ⑤ 9016 ⑥ 1225

72. 73 쪽

7 ① 3009 ② 4216 ③ 4225 ④ 5624 ⑤ 216 ⑥ 1221
8 ① 1209 ② 7216 ③ 3021 ④ 4224 ⑤ 7209 ⑥ 616

74. 75 쪽

9 ① 3016 ② 4221 ③ 624 ④ 209 ⑤ 5621 ⑥ 7225
10 ① 609 ② 4216 ③ 2024 ④ 7221 ⑤ 1216 ⑥ 3009

76. 77 쪽

11 ① 2021 ② 4209 ③ 5616 ④ 3025 ⑤ 221 ⑥ 3024
12 ① 2009 ② 9025 ③ 224 ④ 5621 ⑤ 9016 ⑥ 1224

79. 80 쪽

1 91 과 11　36 과 76　　**2** 47 과 67　84 와 24

82. 83 쪽

1 ① 22　② 28

2 ① 12　② 28　③ 22　④ 33

84 쪽

3 ① 27　② 16　③ 21　④ 25

86. 87 쪽

1 ① 36　② 04　③ 25　④ 16　⑤ 01　⑥ 64　⑦ 09　⑧ 49

2 ① 81　② 16　③ 01　④ 36　⑤ 09　⑥ 64　⑦ 25　⑧ 04

88. 89 쪽

3 ① 25　② 36　③ 01　④ 04　⑤ 16　⑥ 81　⑦ 49　⑧ 64

1 ① 가 22　나 36　다 2236

90. 91 쪽

2 ① 가 12　나 09　다 1209　② 가 28　나 16　다 2816
　　③ 가 22　나 01　다 2201

3 ① 가 24　나 64　다 2464　② 가 27　나 09　다 2709
　　③ 가 16　나 49　다 1649

92. 93 쪽

4　① 가 21　나 25　다 2125　　② 가 25　나 16　다 2516
　　③ 가 25　나 01　다 2501

5　① 가 15　나 36　다 1536　　② 가 28　나 09　다 2809
　　③ 가 32　나 64　다 3264

94. 95 쪽

1　① 3081　② 3025　③ 1909　④ 2501　⑤ 2304　⑥ 3249
2　① 1804　② 1316　③ 2925　④ 2736　⑤ 3364　⑥ 3381

96. 97 쪽

3　① 1104　② 2409　③ 2349　④ 3481　⑤ 1001　⑥ 2016
4　① 2604　② 2964　③ 1536　④ 2709　⑤ 2201　⑥ 2601

98. 99 쪽

5　① 2125　② 3264　③ 2849　④ 1209　⑤ 1701　⑥ 2625
6　① 1649　② 2464　③ 2816　④ 2809　⑤ 2604　⑥ 2581

100. 101 쪽

7　① 3136　② 1881　③ 3036　④ 2516　⑤ 1764　⑥ 1701
8　① 1316　② 2625　③ 2601　④ 2604　⑤ 2409　⑥ 3264

102. 103 쪽

9　① 1209　② 1425　③ 3036　④ 2964　⑤ 2304　⑥ 1909
10　① 2925　② 1804　③ 2816　④ 3081　⑤ 2625　⑥ 3381

104. 105 쪽

11　① 2849　② 1764　③ 1881　④ 2016　⑤ 2201　⑥ 2709
12　① 2349　② 2501　③ 2736　④ 2581　⑤ 2464　⑥ 1104

106. 107 쪽

1　① 168　② 208　③ 143　④ 210　⑤ 228　⑥ 270　⑦ 256　⑧ 204

2　① 132　② 238　③ 225　④ 216　⑤ 272　⑥ 195　⑦ 252　⑧ 266

108. 109 쪽

1　① 621　② 1209　③ 3024　④ 2016　⑤ 7221　⑥ 5625　⑦ 209　⑧ 4221

2　① 2021　② 624　③ 3025　④ 5616　⑤ 224　⑥ 4209　⑦ 1221　⑧ 9016

110. 111 쪽

1　① 2604　② 2516　③ 1425　④ 2349　⑤ 2409　⑥ 1764　⑦ 2501　⑧ 3136

2　① 1316　② 3081　③ 2704　④ 2925　⑤ 2964　⑥ 2236　⑦ 2709　⑧ 1701

112. 113 쪽

1　① 609　② 187　③ 224　④ 3016　⑤ 169　⑥ 285　⑦ 1224　⑧ 324

2　① 234　② 4225　③ 306　④ 209　⑤ 247　⑥ 5621　⑦ 192　⑧ 196

114. 115 쪽

1 ① 1881　② 7224　③ 1909　④ 3149　⑤ 216　⑥ 2916　⑦ 1104　⑧ 2009

2 ① 5609　② 2816　③ 616　④ 2736　⑤ 9024　⑥ 2201　⑦ 1536　⑧ 3264

116. 117 쪽

1 ① 1804　② 180　③ 2601　④ 2024　⑤ 2581　⑥ 3021　⑦ 240　⑧ 1216

2 ① 176　② 1649　③ 304　④ 2809　⑤ 225　⑥ 3381　⑦ 156　⑧ 7209

인도 베다수학

매일매일 두뇌를 깨우는 기적의 계산법

초판인쇄 2025년 10월 31일
초판발행 2025년 10월 31일

지은이 미즈노 준
옮긴이 신재은
발행인 채종준

출판총괄 박능원
국제업무 채보라
책임편집 권새롬 · 김민정
디자인 공진혁
마케팅 문선영
전자책 정담자리

브랜드 드루주니어
주소 경기도 파주시 회동길 230 (문발동)
투고문의 ksibook1@kstudy.com

발행처 한국학술정보(주)
출판신고 2003년 9월 25일 제406-2003-000012호
인쇄 북토리

ISBN 979-11-7457-177-9 03410

드루주니어는 한국학술정보(주)의 지식 · 교양도서 출판 브랜드입니다.
세상의 모든 지식을 두루두루 모아 어린이와 청소년에게 내보인다는 뜻을 담았습니다.
우리 아이들이 지적인 호기심을 해결하고 생각에 깊이를 더할 수 있도록,
보다 가치 있는 책을 만들고자 합니다.